高等职业教育铁道工程技术专业“十四五”系列教材

画法几何及土木工程制图习题集（第二版）

王　欣　主　编
李星瑞　副主编
耿　勇　主　审

中国铁道出版社有限公司

2024年·北　京

内容简介

本书为高等职业教育铁道工程技术专业“十四五”系列教材，配合王欣主编的《画法几何及土木工程制图（第二版）》教材进行编写。与主教材采用同样的编写体例，项目设置根据主教材项目配套设置。

本书可作为高等职业院校铁道工程技术、铁道桥梁隧道工程技术、高速铁路施工与维护等专业教材，也可作为成人教育培训用书及相关专业技术人员自学用书。

图书在版编目（CIP）数据

画法几何及土木工程制图习题集 / 王欣主编.
2 版. —北京：中国铁道出版社有限公司，2024. 8.
（高等职业教育铁道工程技术专业“十四五”系列教材）.
ISBN 978-7-113-31464-4

Ⅰ. TU204-44

中国国家版本馆 CIP 数据核字第 20242L8Q97 号

书　　名：画法几何及土木工程制图习题集
作　　者：王　欣

责任编辑：李露露　　**编辑部电话：**（010）51873240　　**电子邮箱：**790970739@qq.com
封面设计：崔丽芳
责任校对：刘　畅
责任印制：樊启鹏

出版发行：中国铁道出版社有限公司（100054，北京市西城区右安门西街 8 号）
网　　址：http://www.tdpress.com
印　　刷：河北宝昌佳彩印刷有限公司
版　　次：2014 年 8 月第 1 版　2024 年 8 月第 2 版　2024 年 8 月第 1 次印刷
开　　本：787 mm×1 092 mm 1/16　**印张：**5.25　**字数：**135 千
书　　号：ISBN 978-7-113-31464-4
定　　价：18.00 元

前　言

本习题集与兰州交通大学王欣主编的《画法几何及土木工程制图（第二版）》教材配套使用。

为了便于教学，本习题集的编排顺序与教材体系完全一致，每个项目均有一定数量的习题。这些习题都是参加编写的教师结合多年教学经验精心挑选的，具有典型性、代表性和多样性。

本习题集采用最新颁布的国家标准和相关行业标准。

本习题集可供各类高等职业、中等职业院校相关专业和成人继续教育相关专业使用。

本习题集由兰州交通大学王欣任主编，兰州交通大学李星瑞任副主编，兰州交通大学王小平参与编写，兰州交通大学耿勇任主审。

由于时间仓促及编者水平有限，书中难免存在疏漏和不足之处，恳请广大读者谅解并指正。

编　者

2024 年 4 月

目　录

项目一　制图基本知识

1-1. 字体练习（一）。

ABCDEFGHIJKLMNOPQRSTUVWXYZ

abcdefghijklmnopqrstuvwxyz

0123456789RΦ

I II III IV V VI VII VIII IX X

α β γ δ θ μ π φ ϕ

班级　　　　姓名　　　　学号

1-1.字体练习（二）。

班级 姓名 学号

1-1. 字体练习(三)。

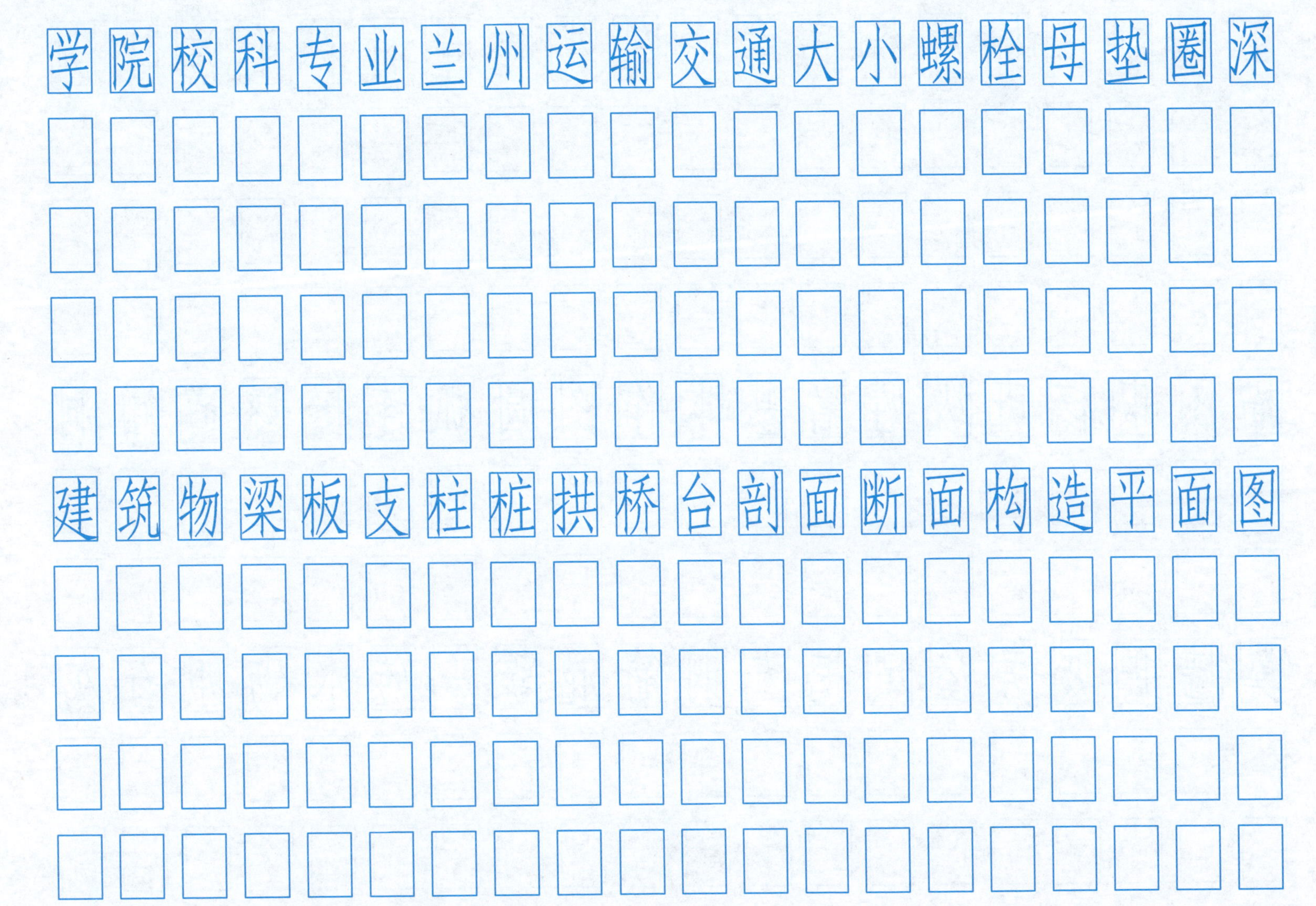

班级　　姓名　　学号

1-1. 字体练习(四)。

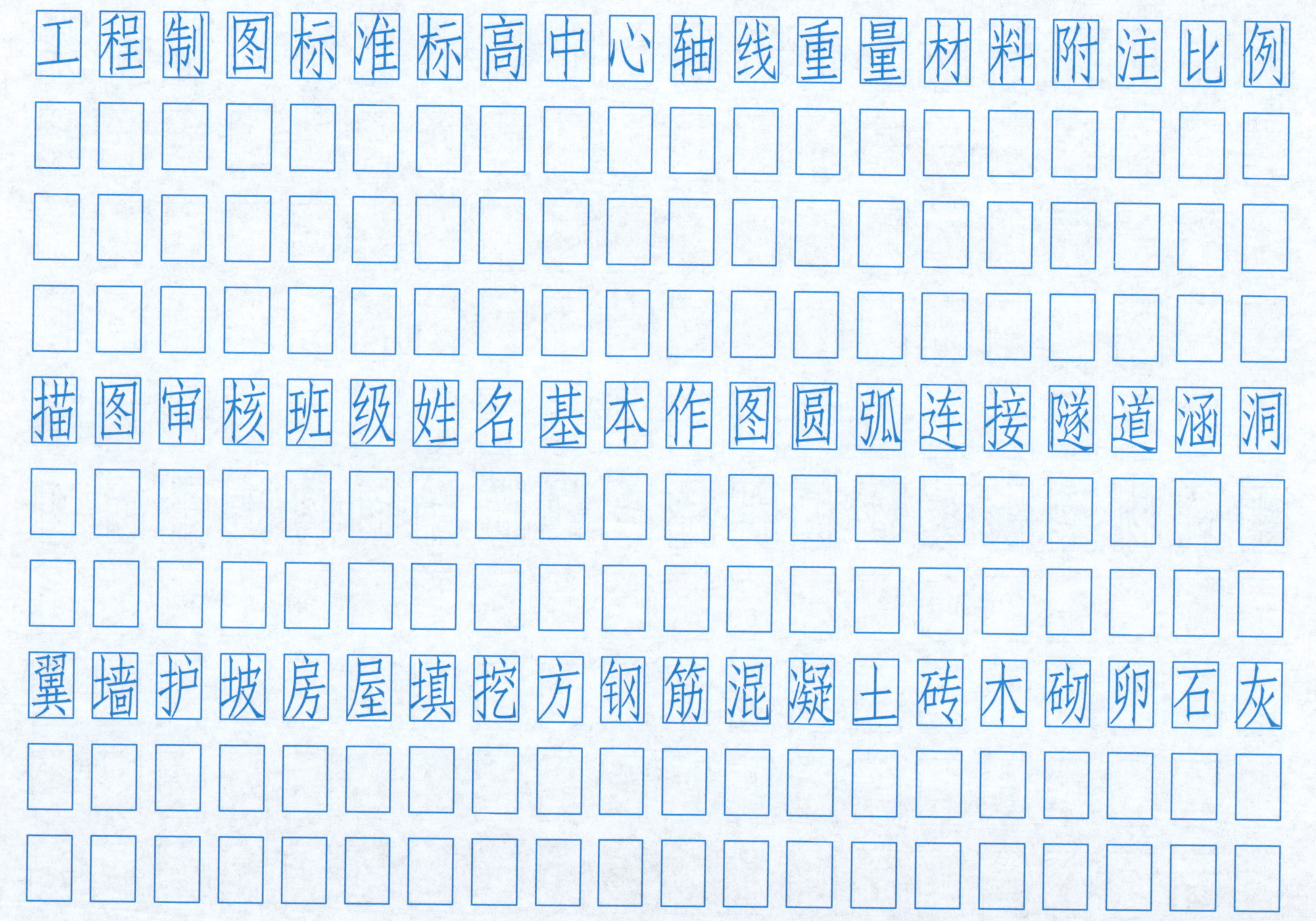

班级　　　　姓名　　　　学号

1-1. 字体练习(五)。

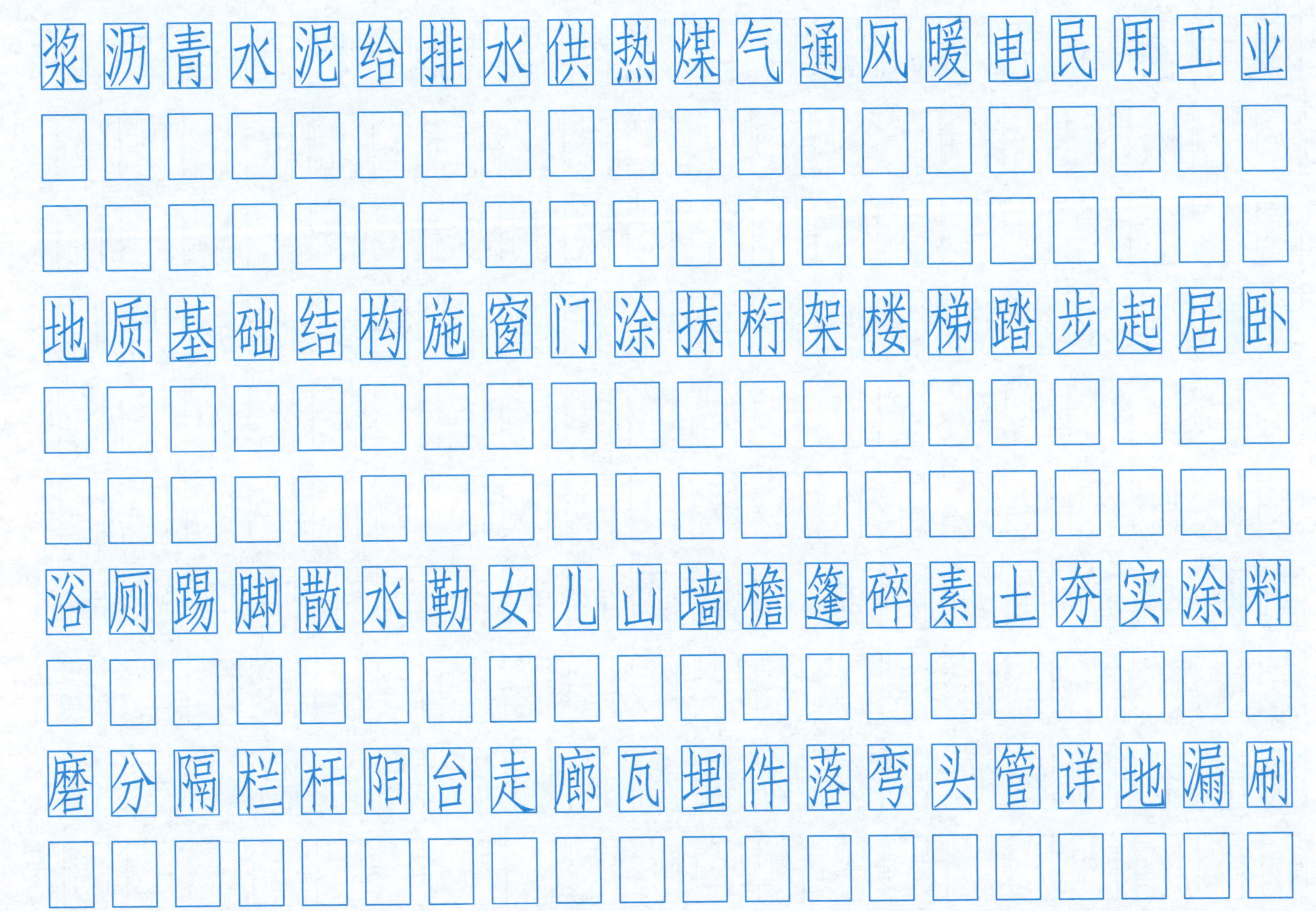

班级　　　　姓名　　　　学号

1-1. 字体练习（六）。

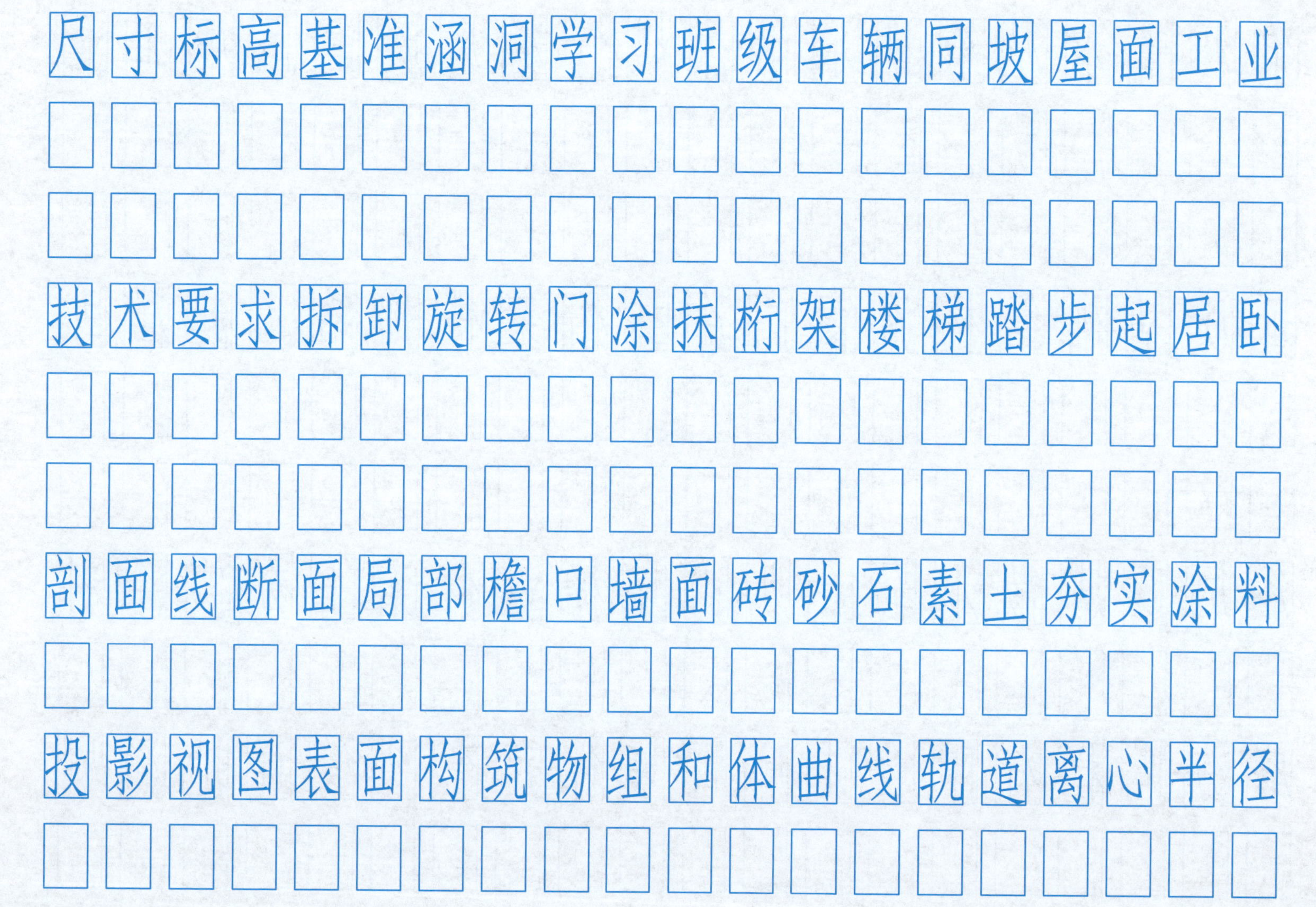

班级　　　　姓名　　　　学号

1-2. 将所给图形按比例在右侧进行抄绘。

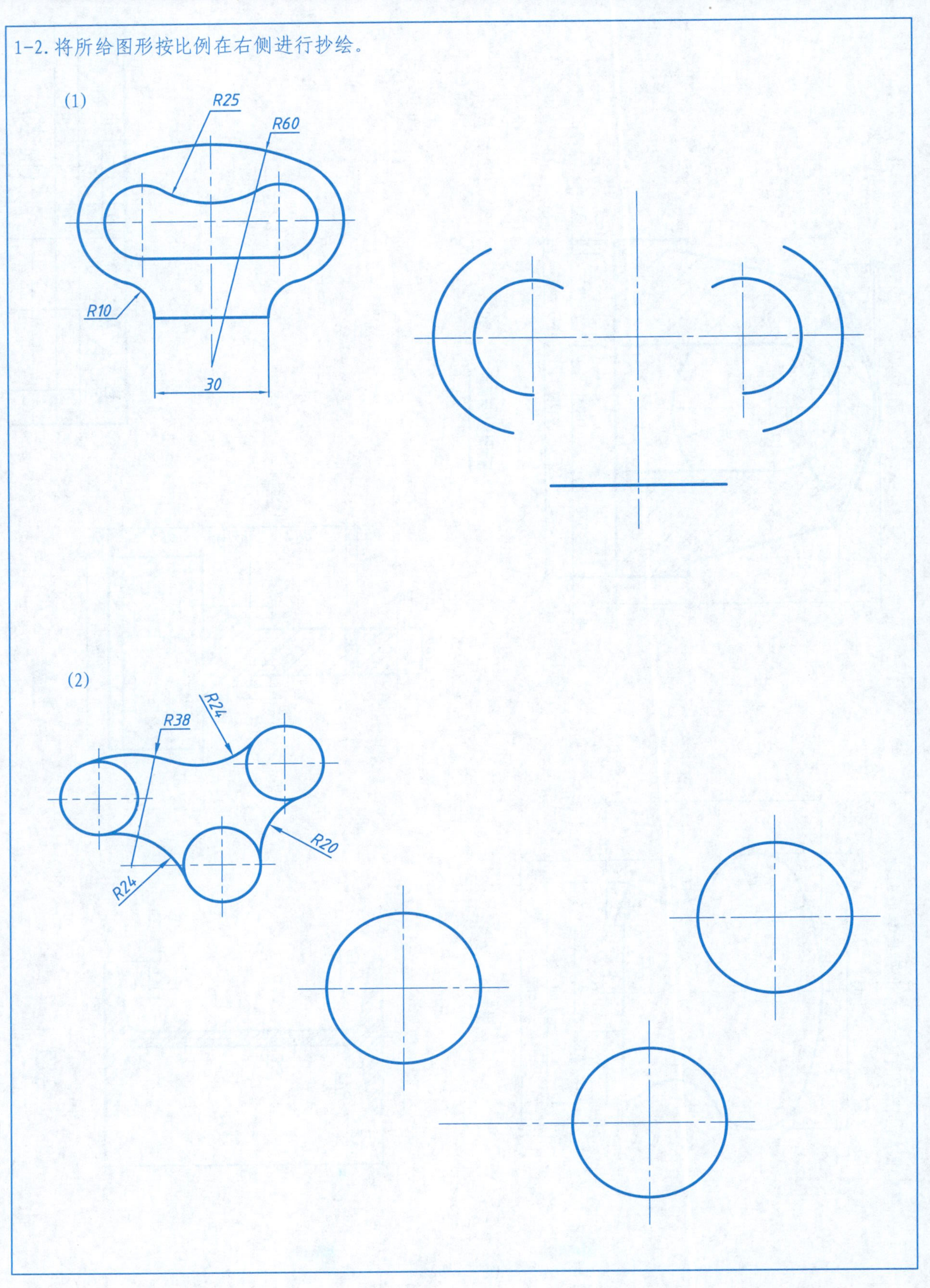

班级　　姓名　　学号

1-3. 在A3图纸上按图中指定的比例绘制下列图形。

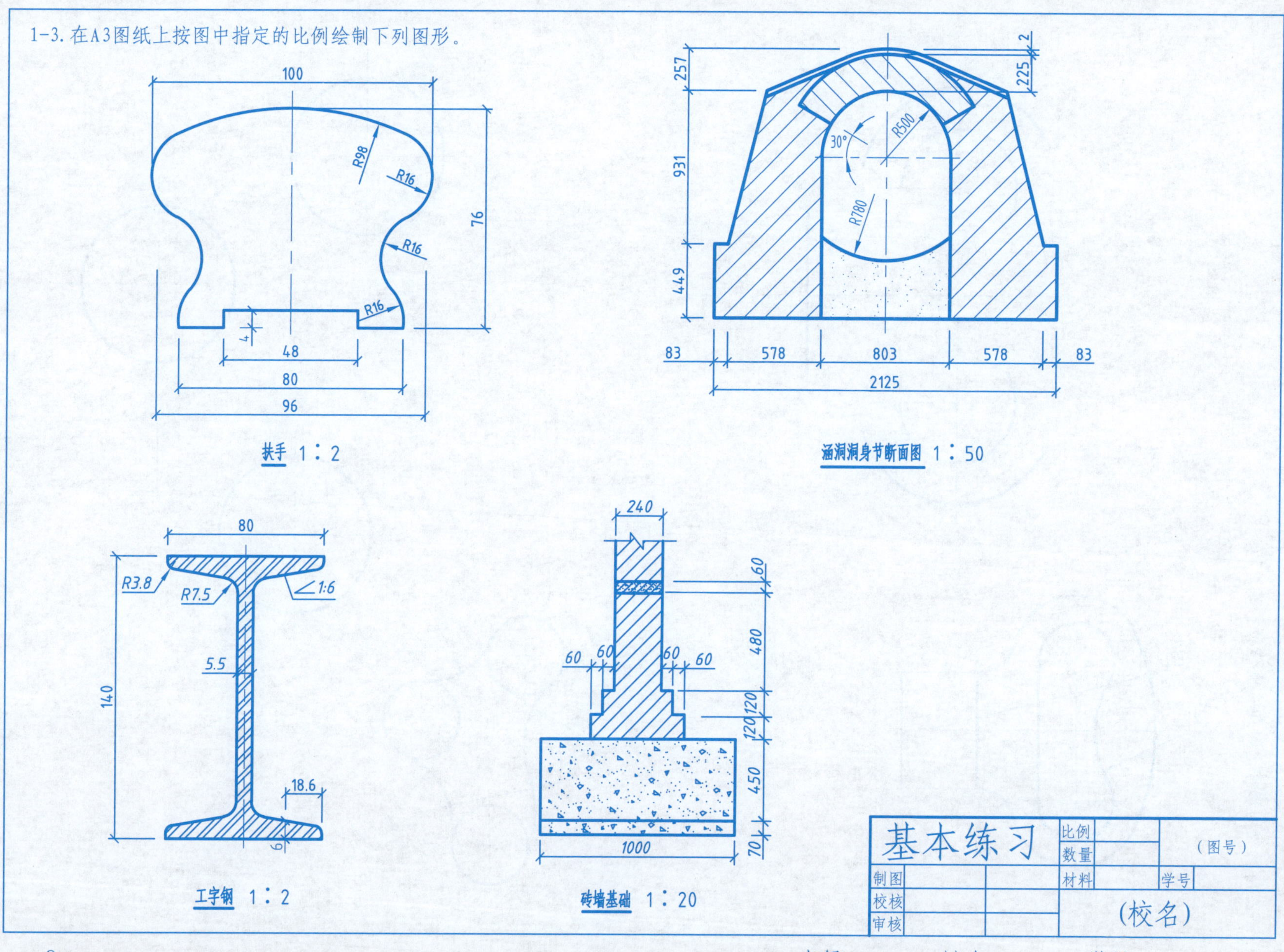

班级　　　　姓名　　　　学号

1-4. 在A3图纸上绘制下列图形(比例自选)。

(1)

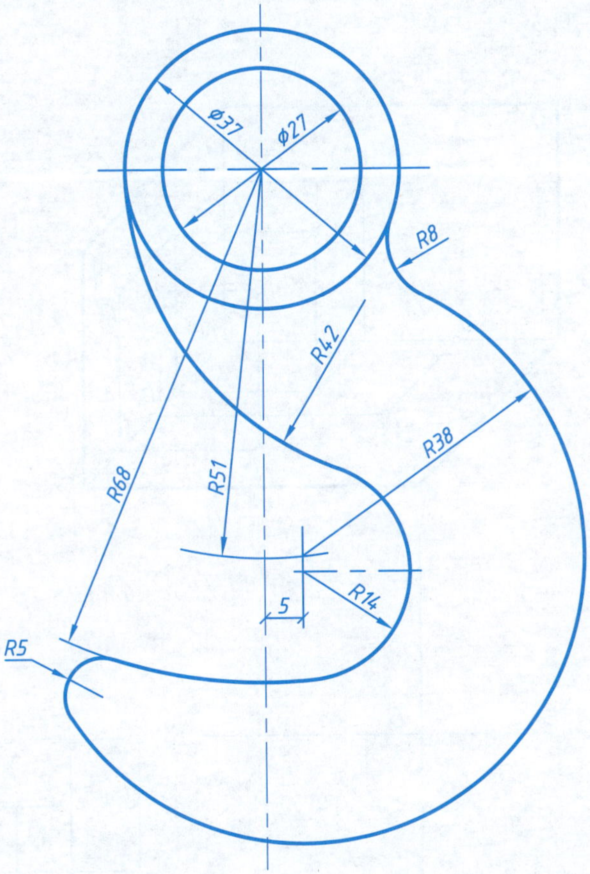

(2)

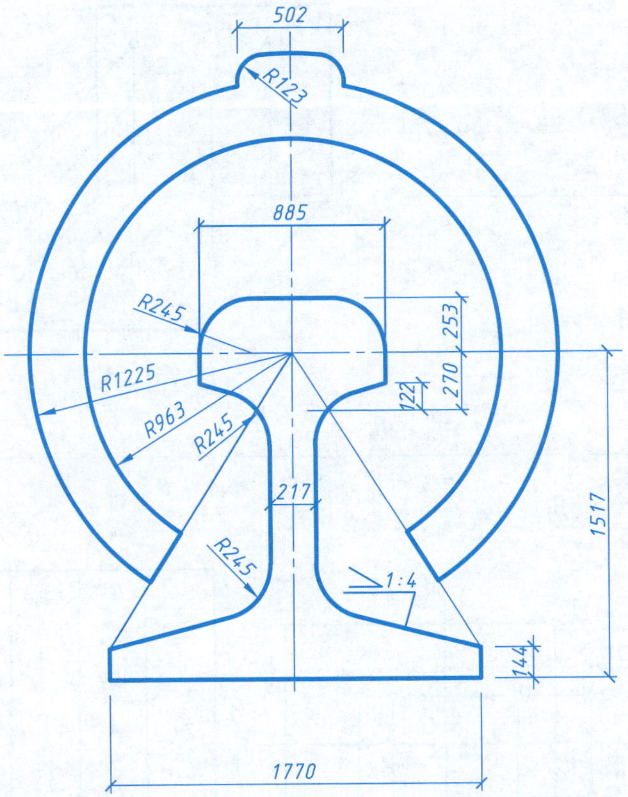

班级　　　姓名　　　学号

项目二　投影作图

2-1. 已知各点的空间位置，试作出其投影图，并将点的坐标值（单位：mm）填写在括号内。

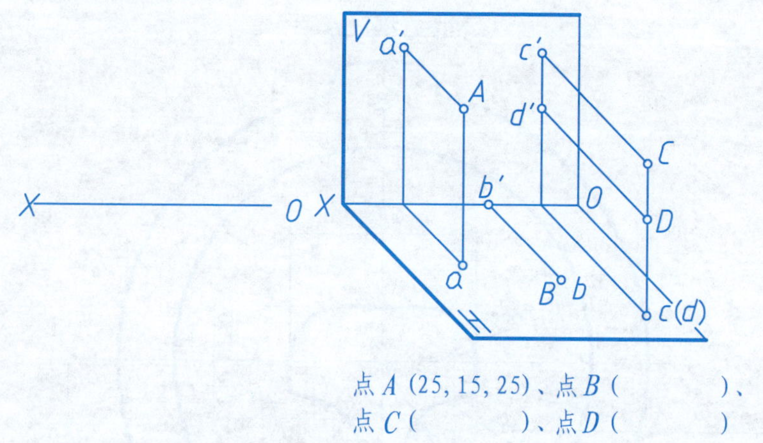

点 A (25, 15, 25)、点 B (　　　　)、
点 C (　　　　)、点 D (　　　　)

2-2. 已知 A、B、C 三点的三面投影图，试确定点 B 和点 C 相对点 A 的位置（取坐标差的绝对值填写在表格中）。

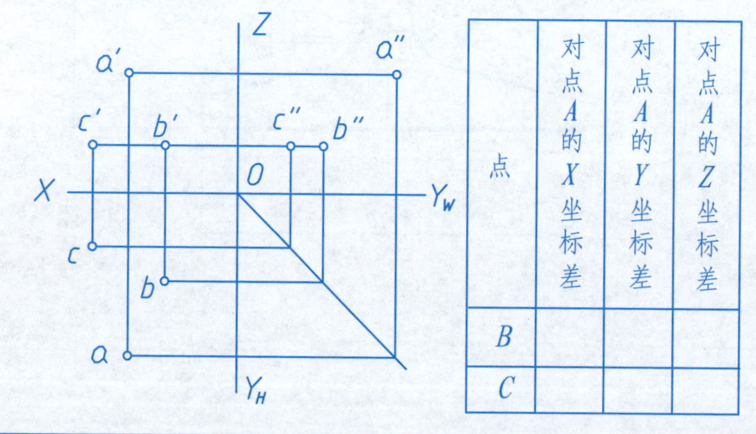

点	对点A的X坐标差	对点A的Y坐标差	对点A的Z坐标差
B			
C			

2-3. 已知 A、B、C 三点的直观图，试作出其投影图，并量取各点的坐标值（单位：mm）填入下表中。

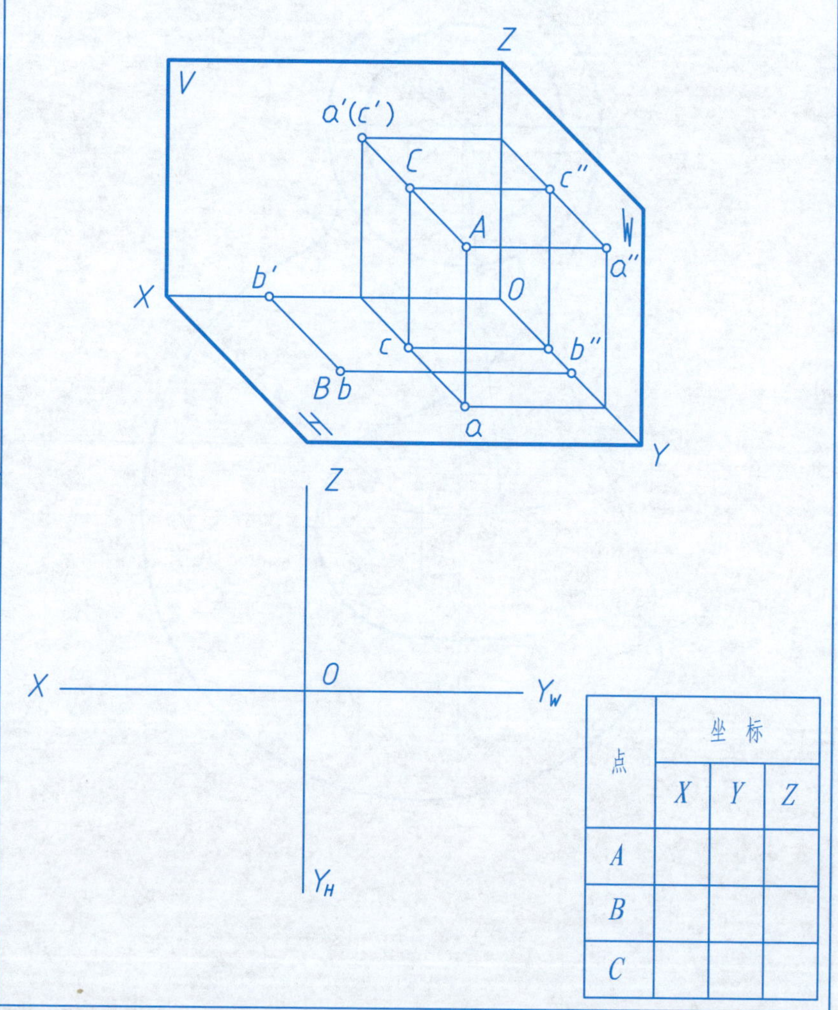

点	坐标		
	X	Y	Z
A			
B			
C			

班级　　　　姓名　　　　学号

2-4. 已知各点的两面投影，求作点的第三投影。

（1）

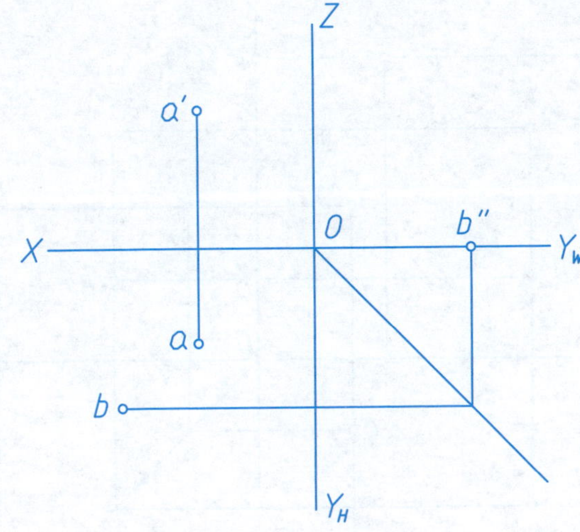

（2）

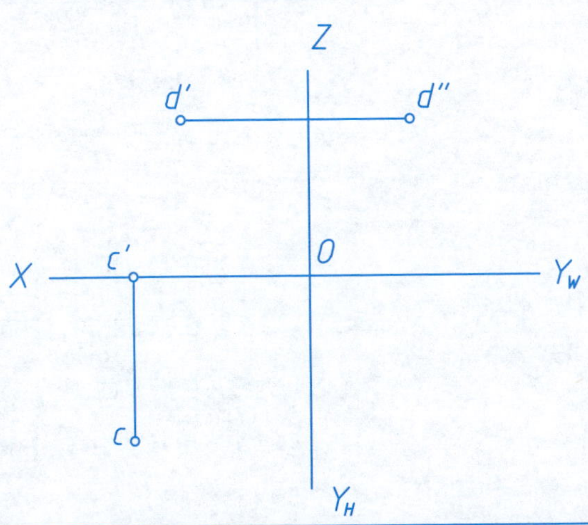

2-5. 比较*A*、*B*、*C*三点的相对位置(填空)。

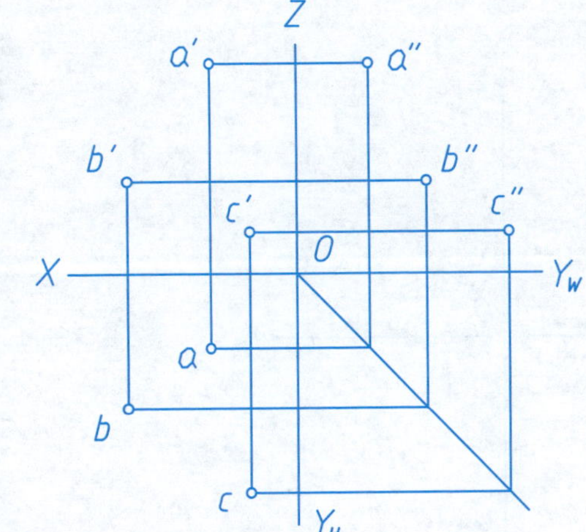

1. 点*B*在点*A*的

（　）方（　）mm。

（　）方（　）mm。

（　）方（　）mm。

2. 点*C*在点*B*的

（　）方（　）mm。

（　）方（　）mm。

（　）方（　）mm。

2-6. 已知点*B*在点*A*的左方10 mm, 下方15 mm, 前方10 mm; 点*C*在点*A*的正前方15 mm; 试作出点*B*和点*C*的三面投影。

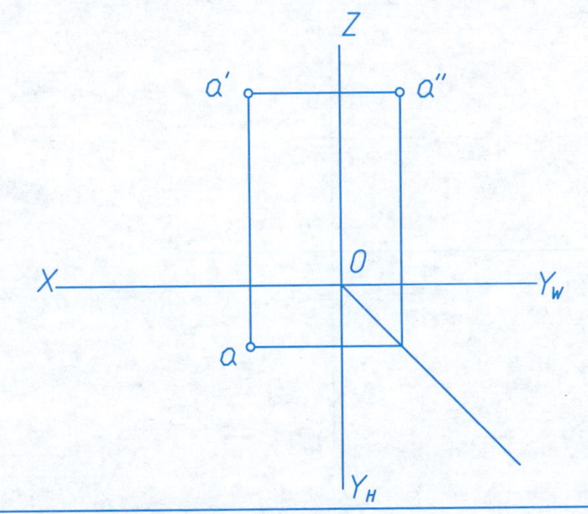

班级　　　　姓名　　　　学号

2-7. 已知点 A 和点 B 是对 H 面的重影点，A 点的坐标为（20, 15, 10），点 B 比点 A 高10 mm, 试作出这两点的三面投影。

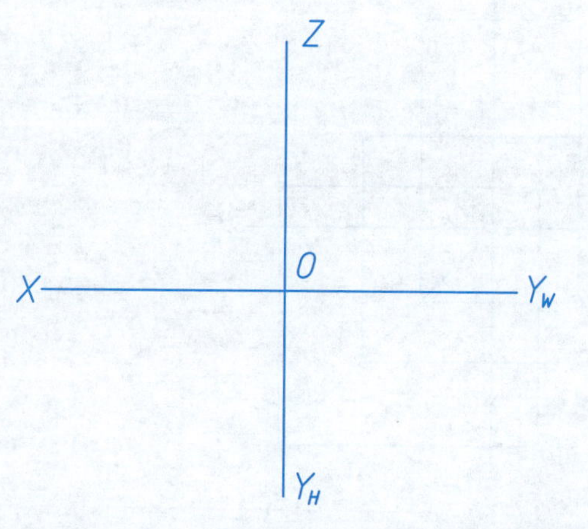

2-8. 已知 A 点的侧面投影 a'', 并知 A 点到 W 面的距离为25 mm, 求作 a、a'。

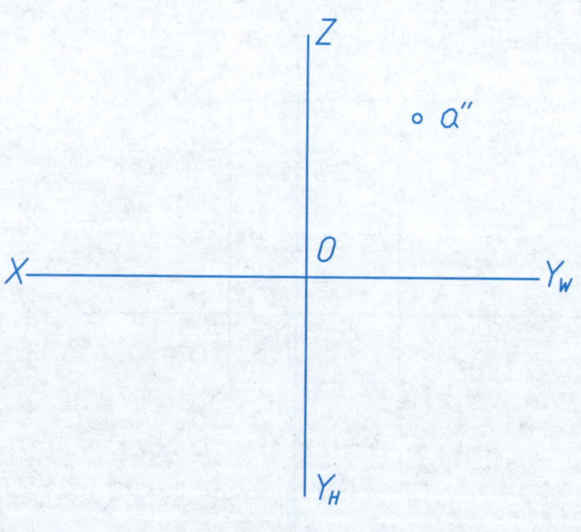

2-9. 判断下列每一对重影点的相对位置（填空）。

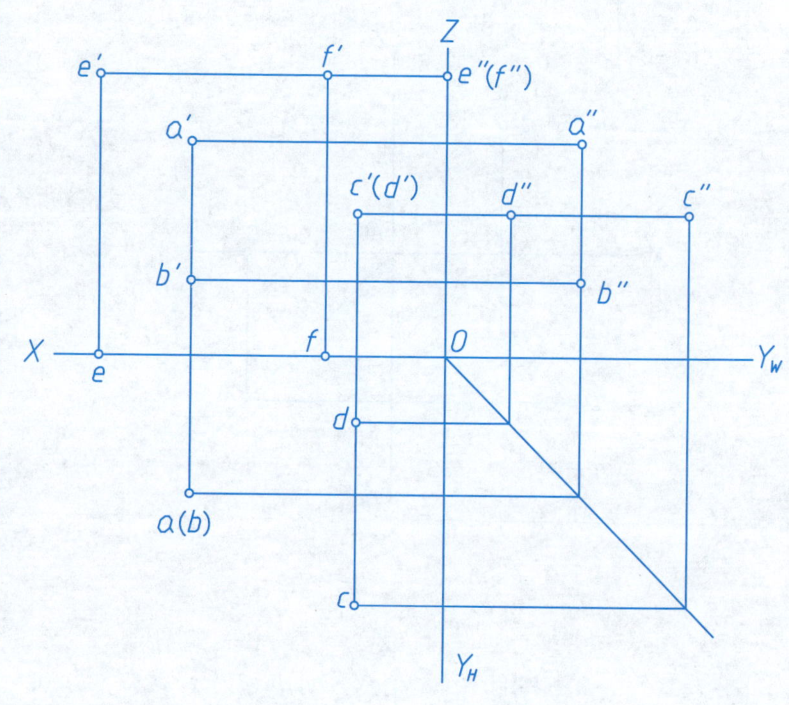

1. 点 A 在点 B 的（ ）方（ ）mm。
2. 点 D 在点 C 的（ ）方（ ）mm。
3. 点 F 在点 E 的（ ）方（ ）mm, 且该两点均在（ ）面上。

班级　　姓名　　学号

2-10. 根据直线AB的两投影，求作其第三投影。

(1)

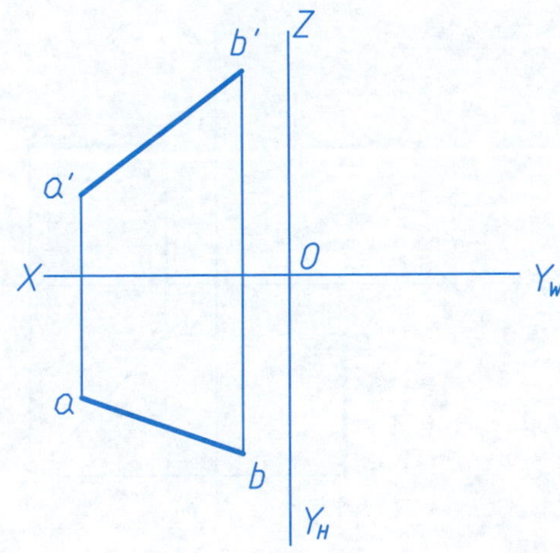

(2)

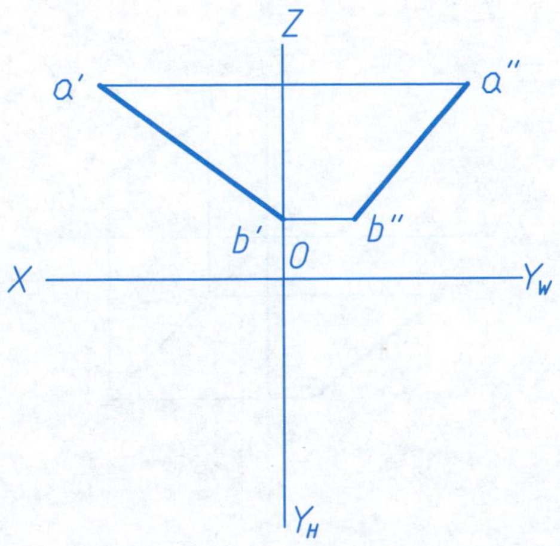

2-11. 判断三棱锥各棱线对投影面的相对位置，并求作它们的第三投影。

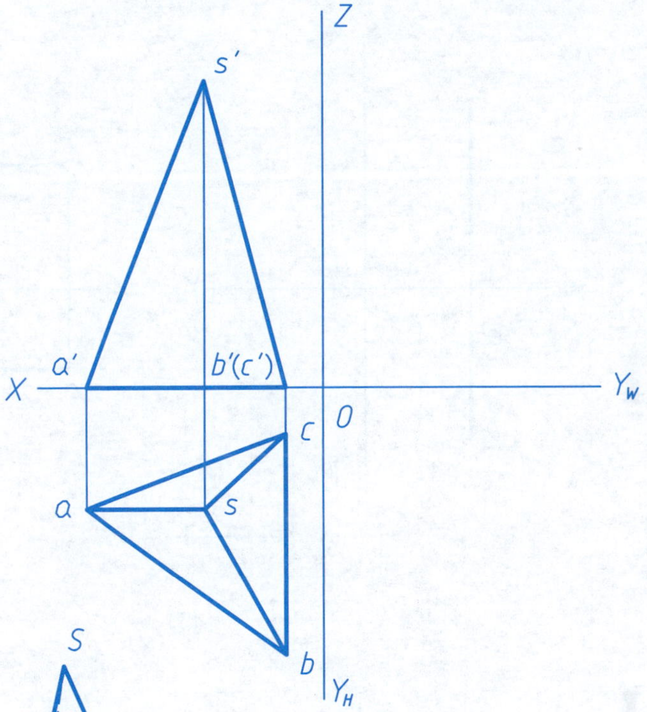

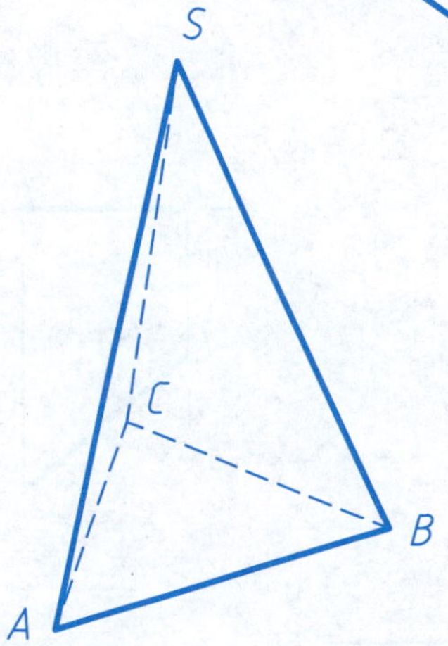

SA是____线，SB是____线，

SC是____线，

AB是____线，CA是____线，

BC是____线；它们均在____投影面上。

班级　　　　姓名　　　　学号

2-12. 求作下列各直线的第三投影，并判断直线与投影面的相对位置(写在横线上)。

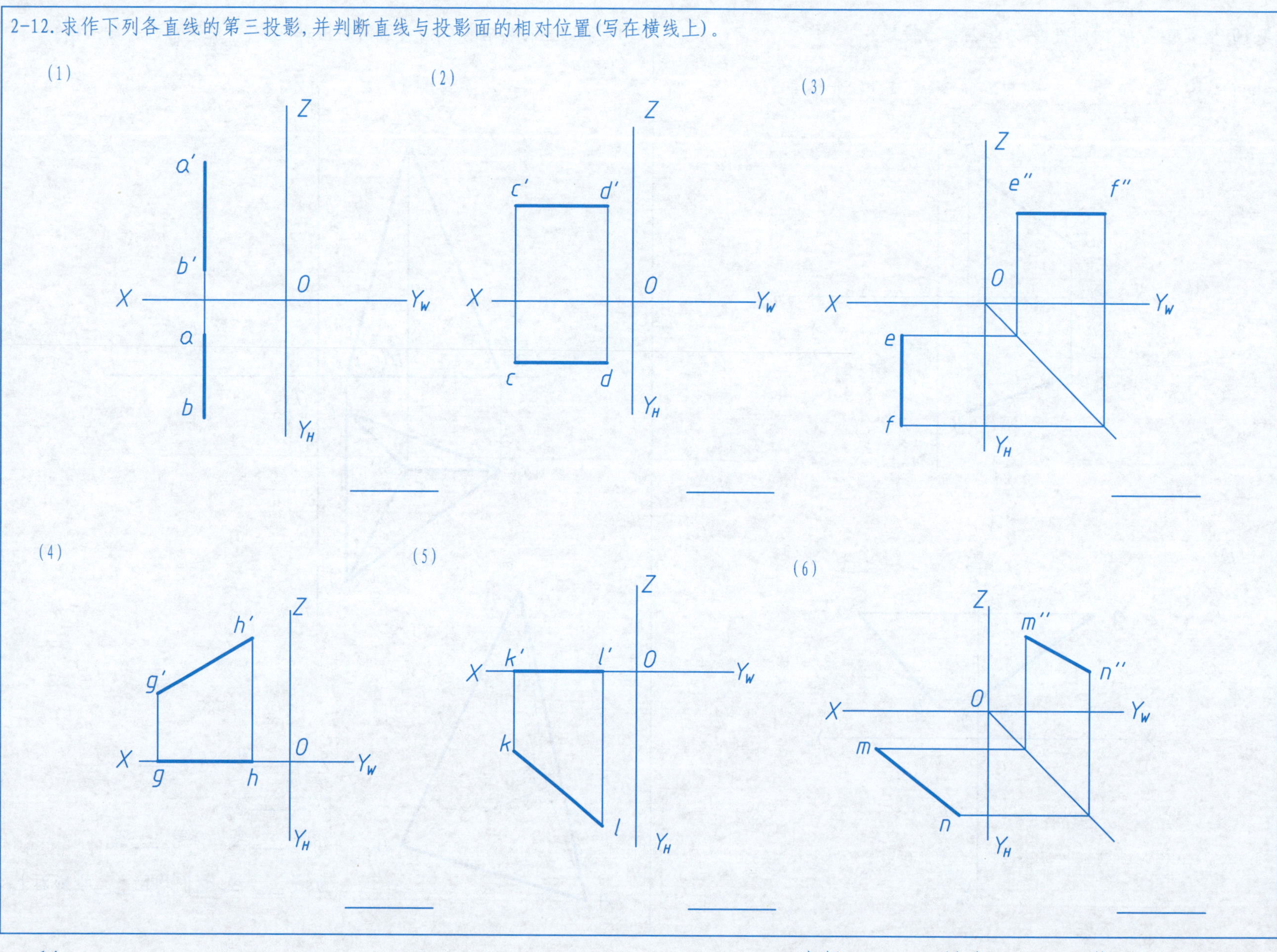

班级　　　　姓名　　　　学号

2-13. 按要求作出下列各直线的投影图（只画出一解，并分析各题有几解）。

(1) 过 A 点作水平线 $AB=25$，$\gamma=60°$

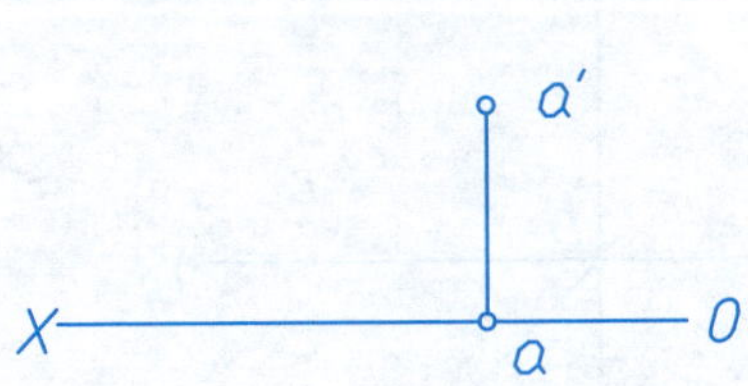

有___解

(2) 过 C 点作侧平线 $CD=25$，$\alpha=60°$

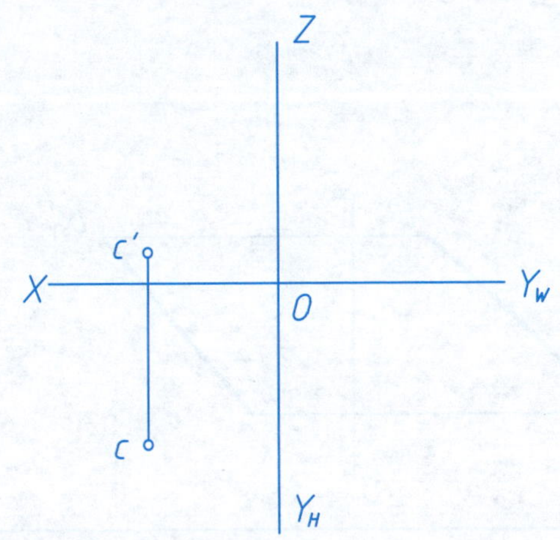

有___解

(3) 过 E 点作正平线 $EF=15$，$\alpha=60°$

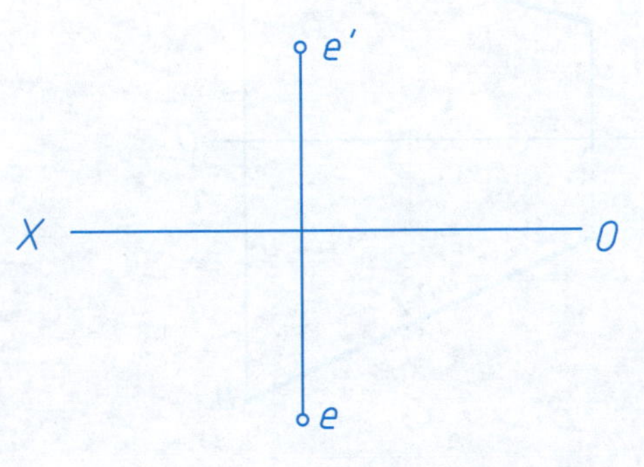

有___解

(4) 过 K 点作侧垂线 $KL=20$

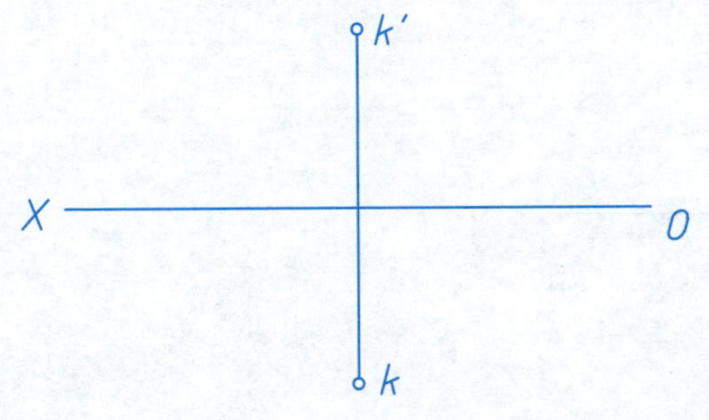

有___解

班级　　　　姓名　　　　学号

2-14. 求出线段的实长及其对投影面的倾角β和γ。

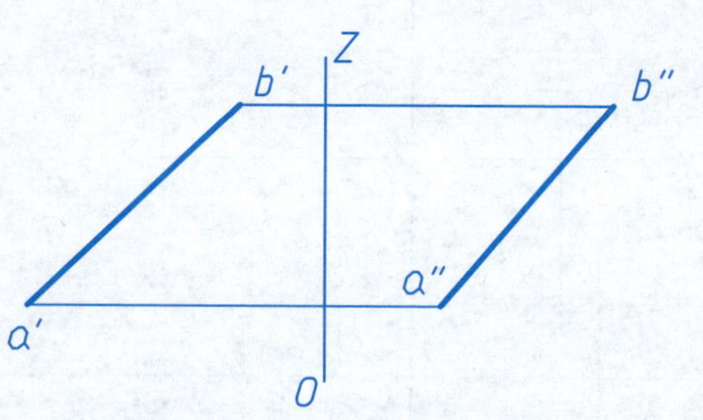

2-16. 已知点A(5, 10, 25)、B(30, 10, 15)、C(10, 25, 15)、D(10, 25, 0)，求作直线AB、BC、CD的三面投影，并将其相对于投影面的位置填写在横线上。

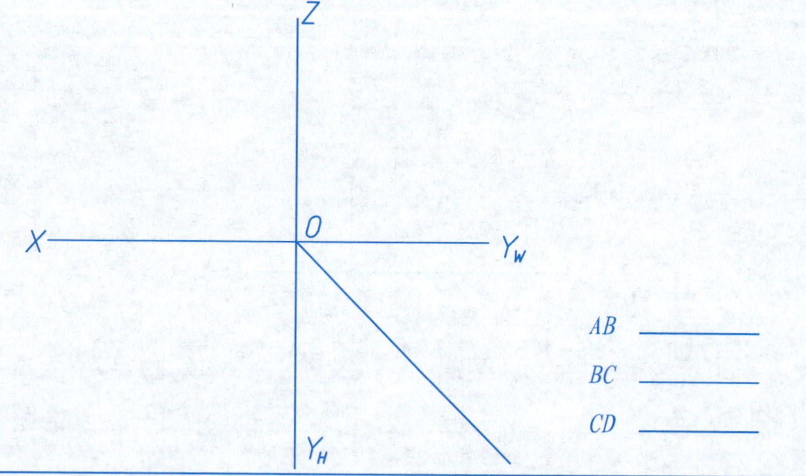

AB ________

BC ________

CD ________

2-15. 求出线段的实长及其对投影面的倾角α、β。

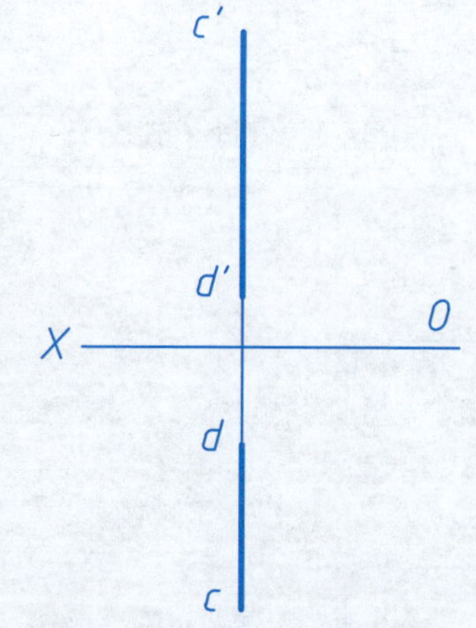

2-17. 在已知直线AB上确定一点P，使AP∶PB=3∶5。

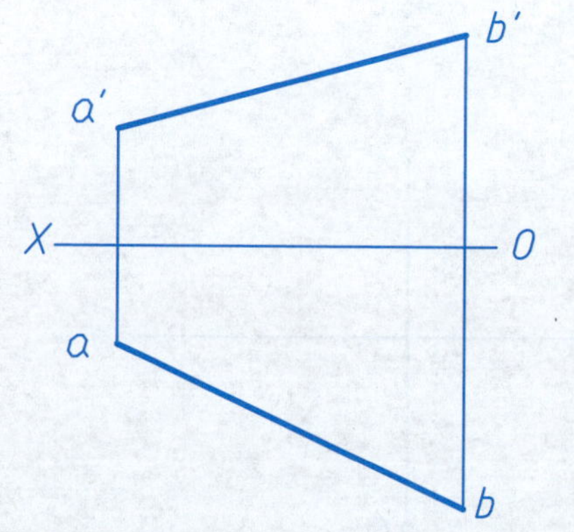

班级　　　　姓名　　　　学号

2-18. 求作曲线 AB 的侧面投影。

2-19. 判断下列平面属于何种位置平面（写在横线上）。

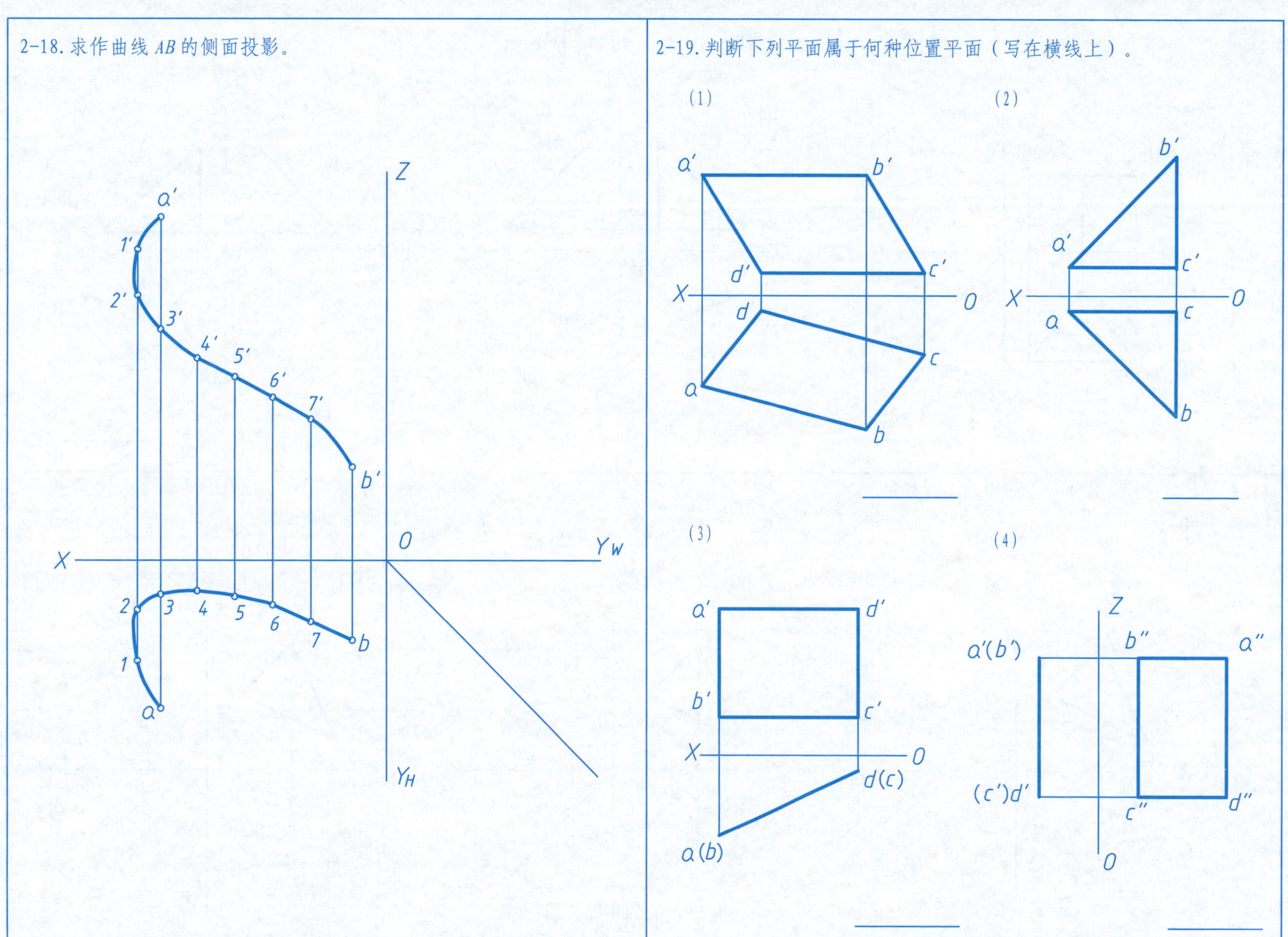

2-20. 已知平面的两个投影，求其第三投影，并判断平面对投影面的相对位置（写在横线上）。

(1) (2) (3)

2-21. 按已知条件完成下列各平面的三面投影。

(1) 铅垂面 $\beta=30°$

(2) 正平面

(3) 侧垂面 $\alpha=60°$

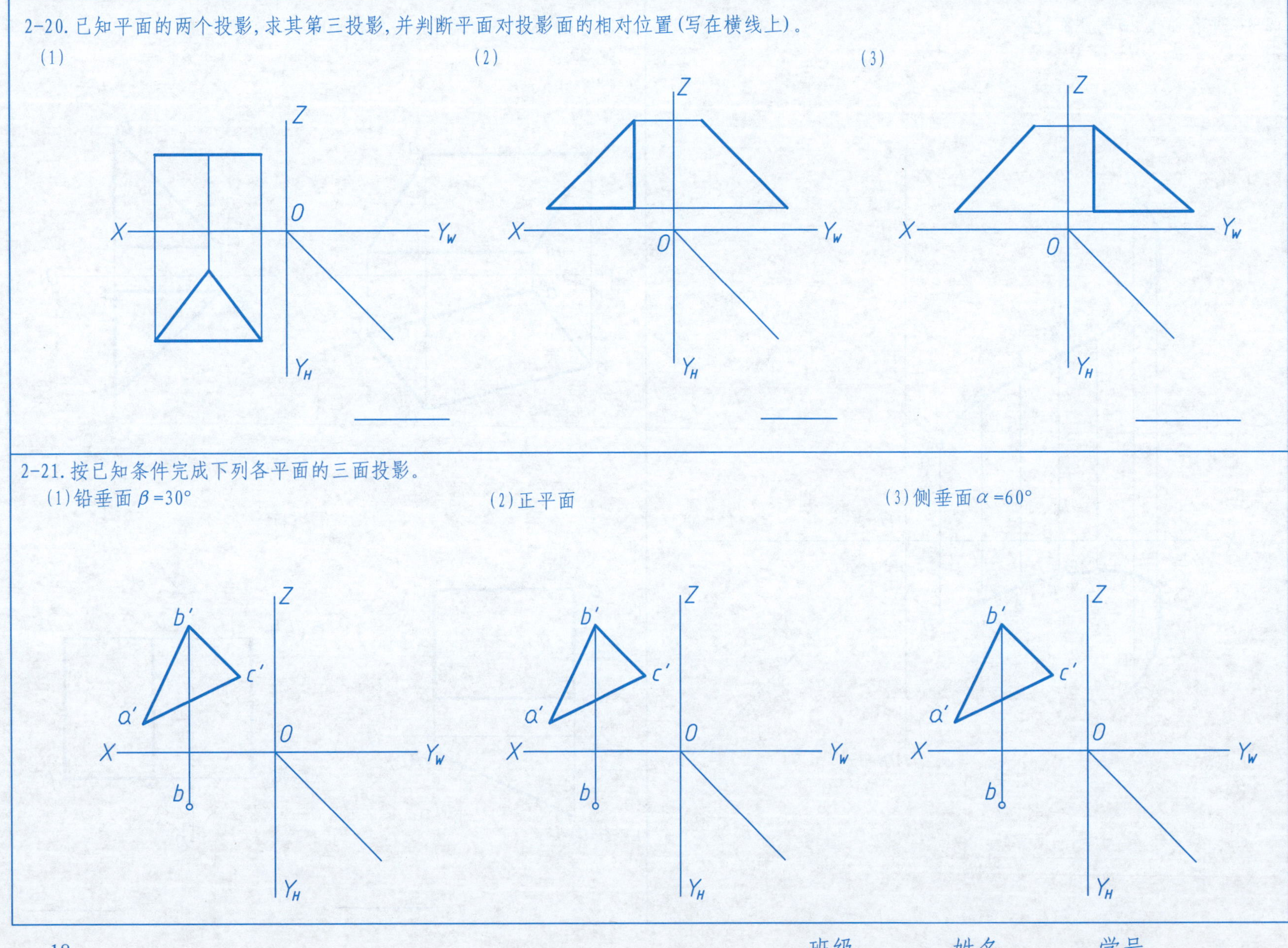

班级　　　　姓名　　　　学号

2-22. 判断K点是否在平面上（写在横线上）。

2-23. 判断直线 CD 是否在三角形ABC 平面上（写在横线上）。

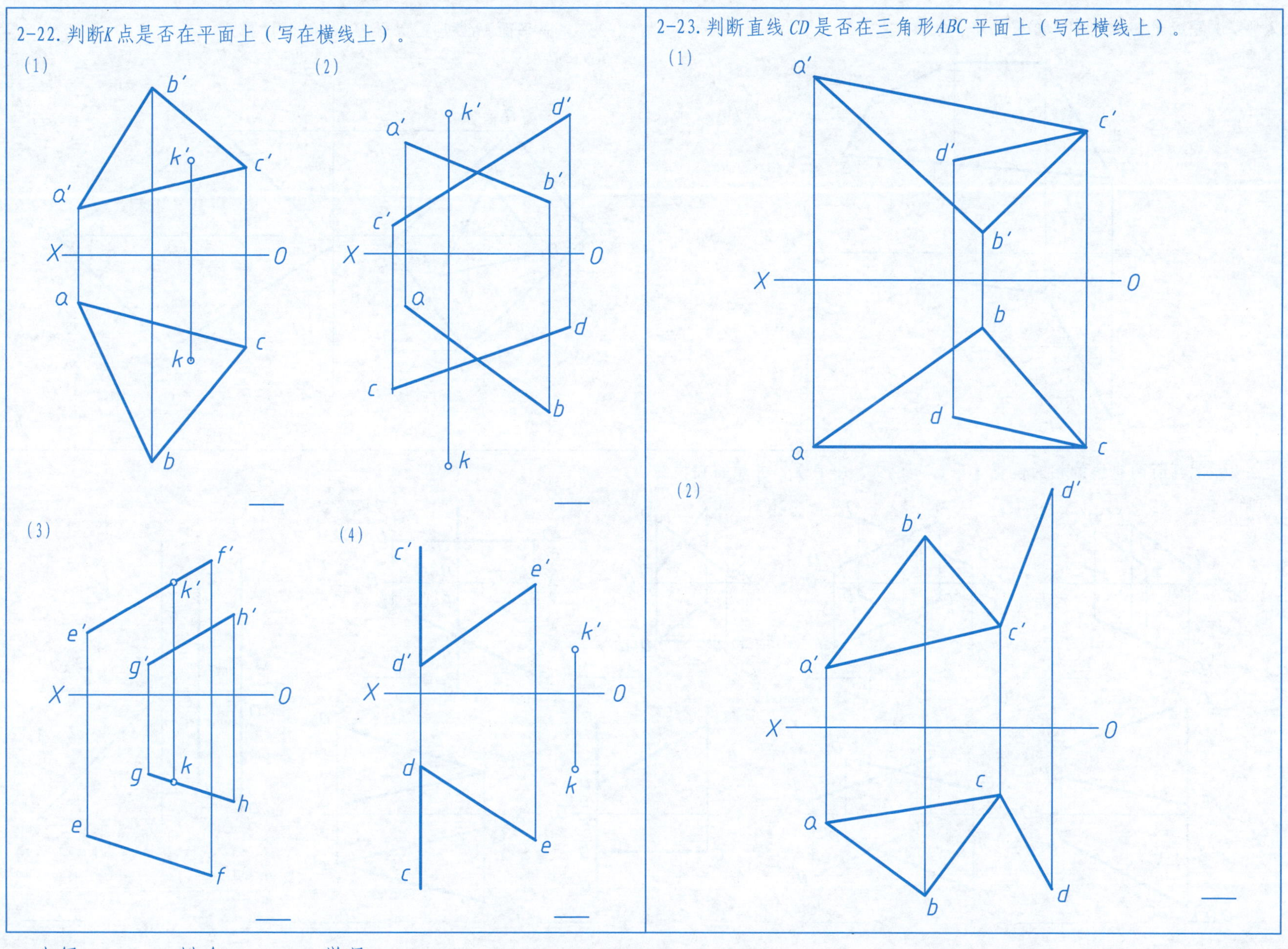

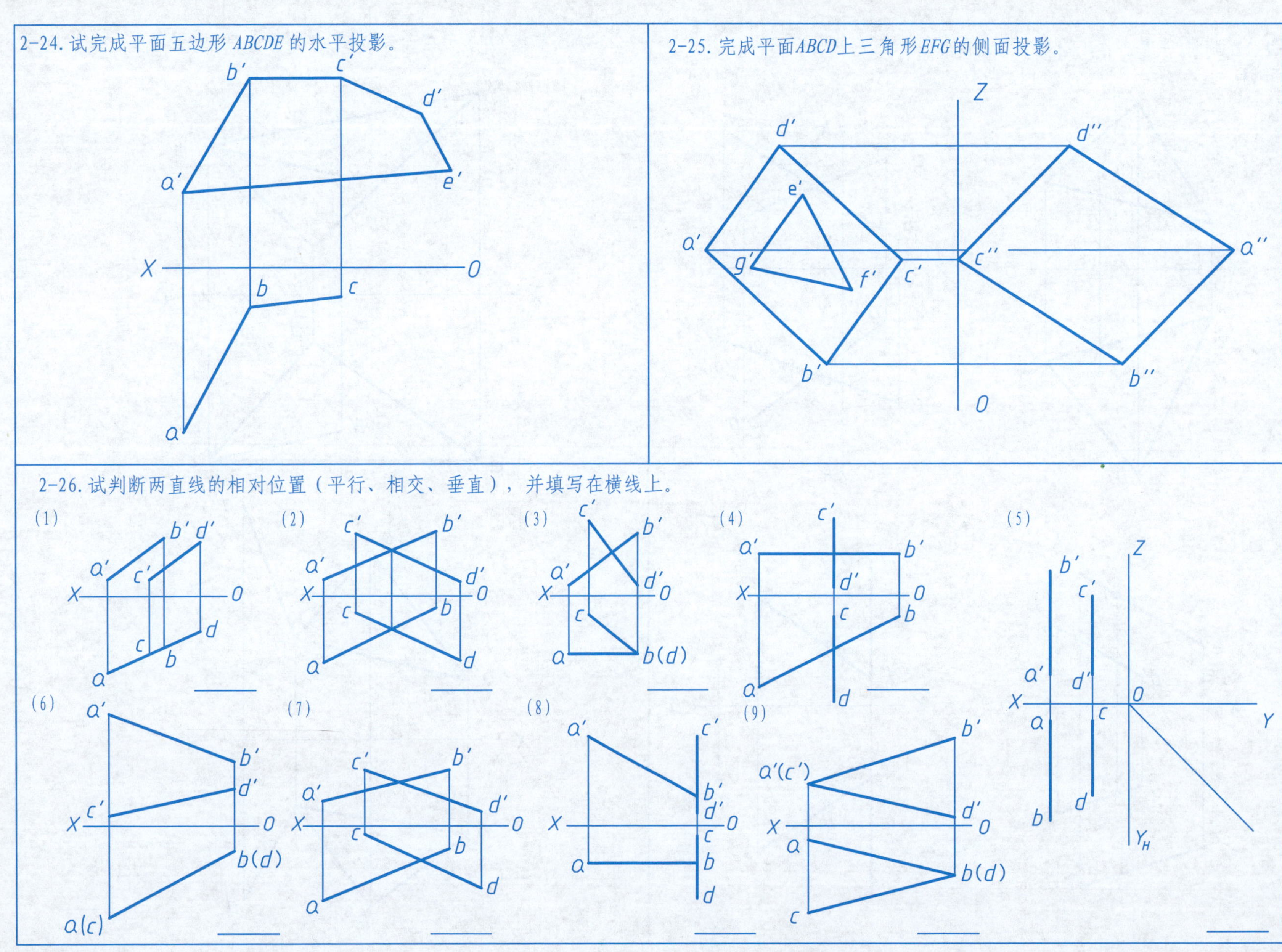
2-24. 试完成平面五边形 ABCDE 的水平投影。
2-25. 完成平面ABCD上三角形EFG的侧面投影。
2-26. 试判断两直线的相对位置（平行、相交、垂直），并填写在横线上。
(1)
(2)
(3)
(4)
(5)
(6)
(7)
(8)
(9)

班级　　　　姓名　　　　学号

2-27. 已知三角形 *ABC* 为侧垂面，完成其水平投影。

2-28. 试完成五边形 *ABCDE* 的水平投影。

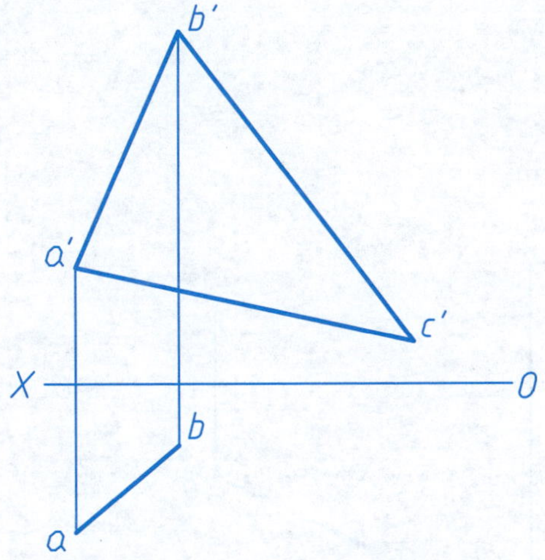

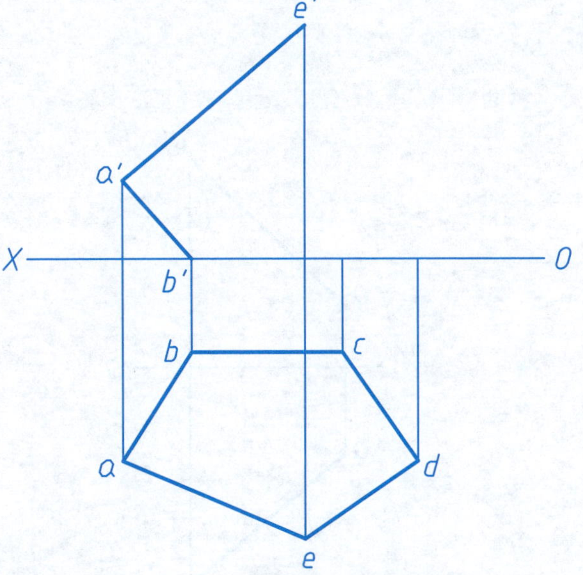

2-29. 用换面法求作线段的实长及其对投影面的倾角 α 和 β。

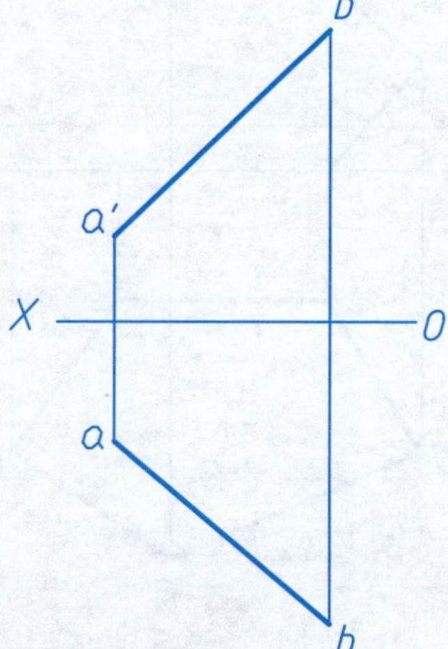

2-30. 已知 AB =40 mm，用换面法求AB的正面投影及其与V面的夹角 β。

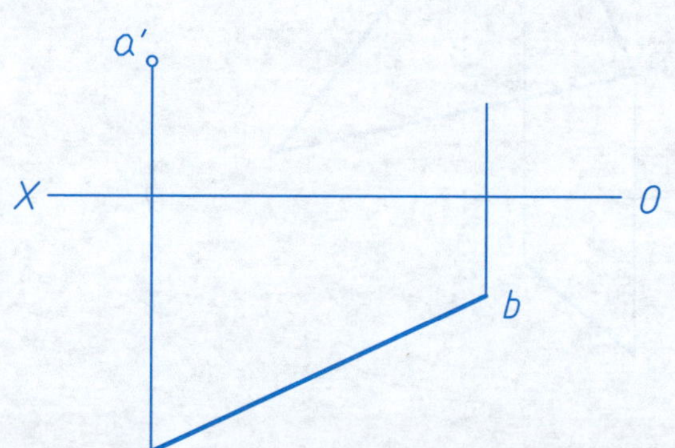

班级　　　姓名　　　学号

2-31. 求作三角形 ABC 对 V 面的倾角 β 和对 H 面的倾角 α（用最大斜度线法）。

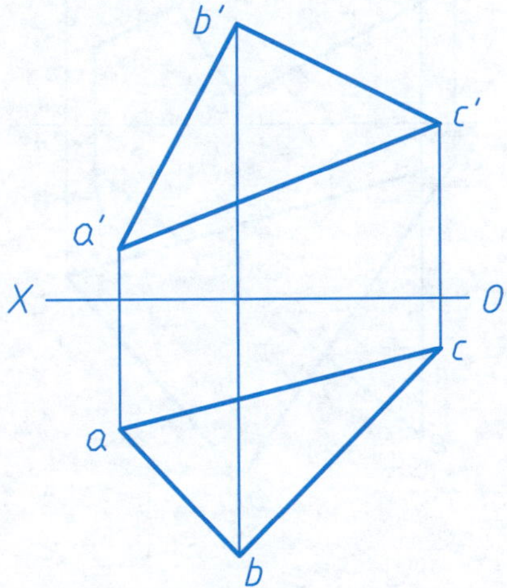

2-32. 求三角形 ABC 的实形及其对 V 面的倾角 β。

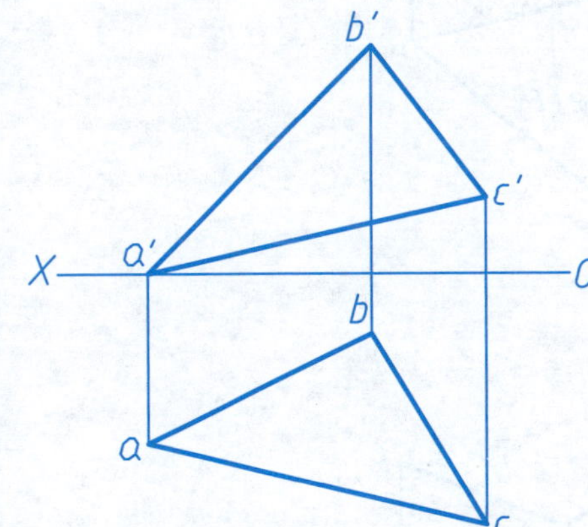

班级　　　　姓名　　　　学号

2-33. 求直线与平面的交点 K，并判明可见性。

(1)

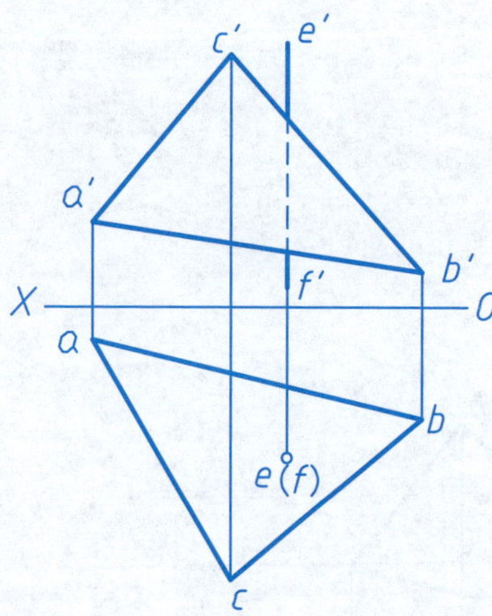

(2)

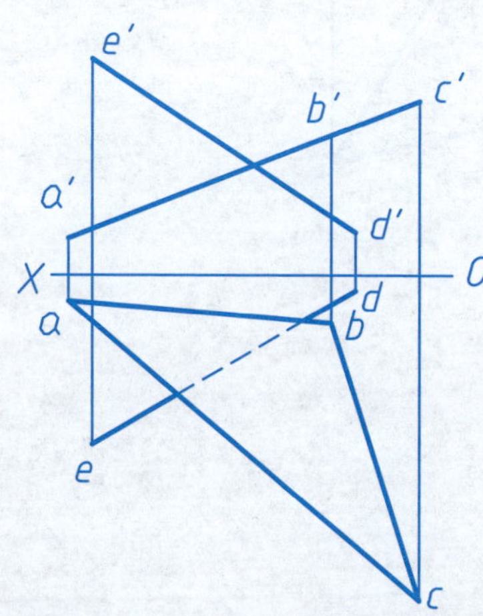

(3)

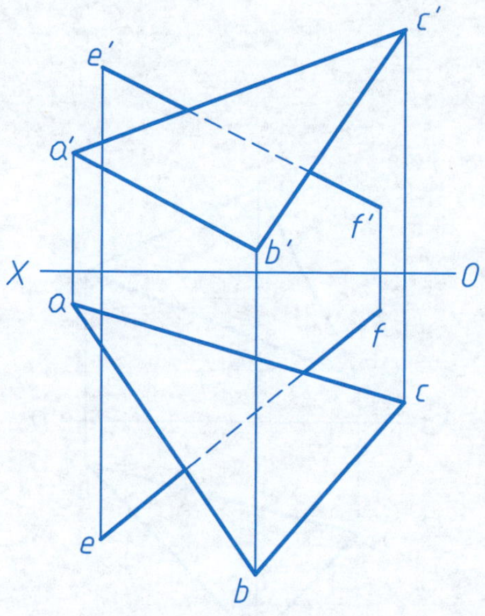

班级　　姓名　　学号

2-34. 判断已知两平面是否平行(写在横线上)。

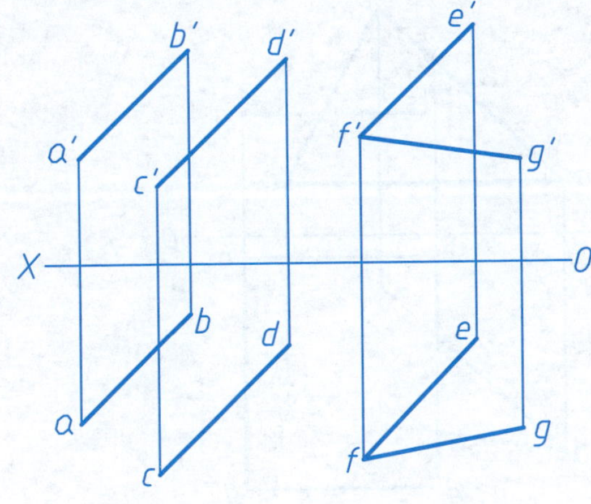

2-35. 过交叉两直线 *BG* 和 *EF* 作一对相互平行的平面。

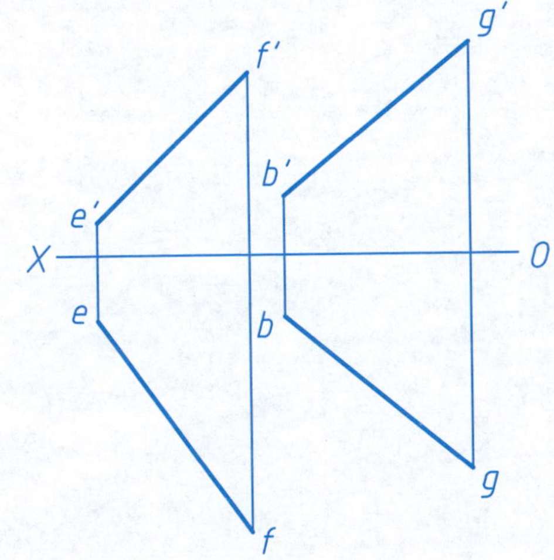

2-36. 过点 *K* 作平面平行于已知平面。

(1)

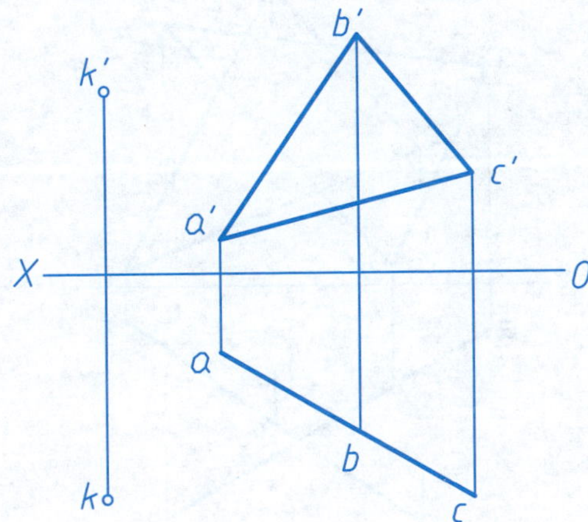

(2)

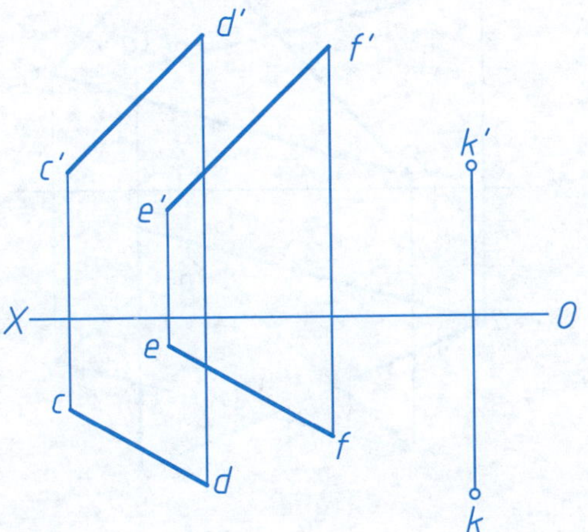

班级　　　　姓名　　　　学号

2-37. 求作两平面的交线，并判断可见性。

(1)

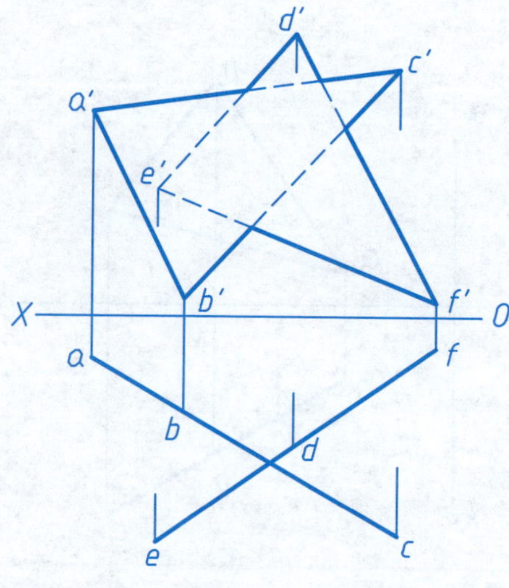

(3)

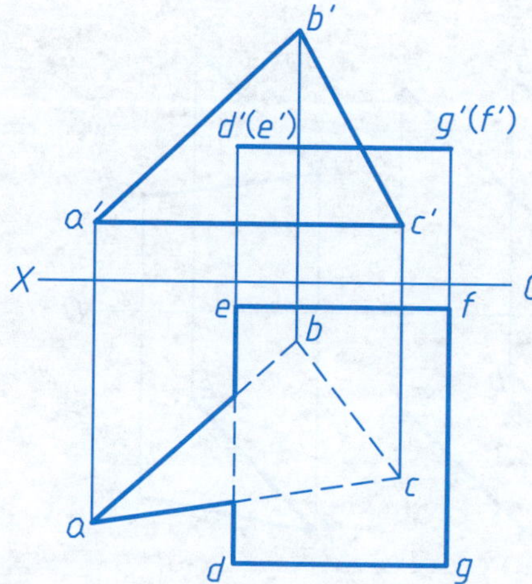

(2)

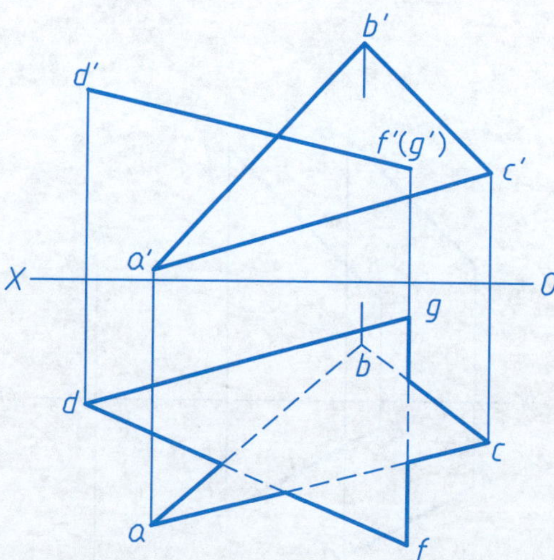

班级　　　　姓名　　　　学号

项目三　体的投影

3-1. 补画平面立体的第三投影，并求作其表面上点、线的另外两个投影。

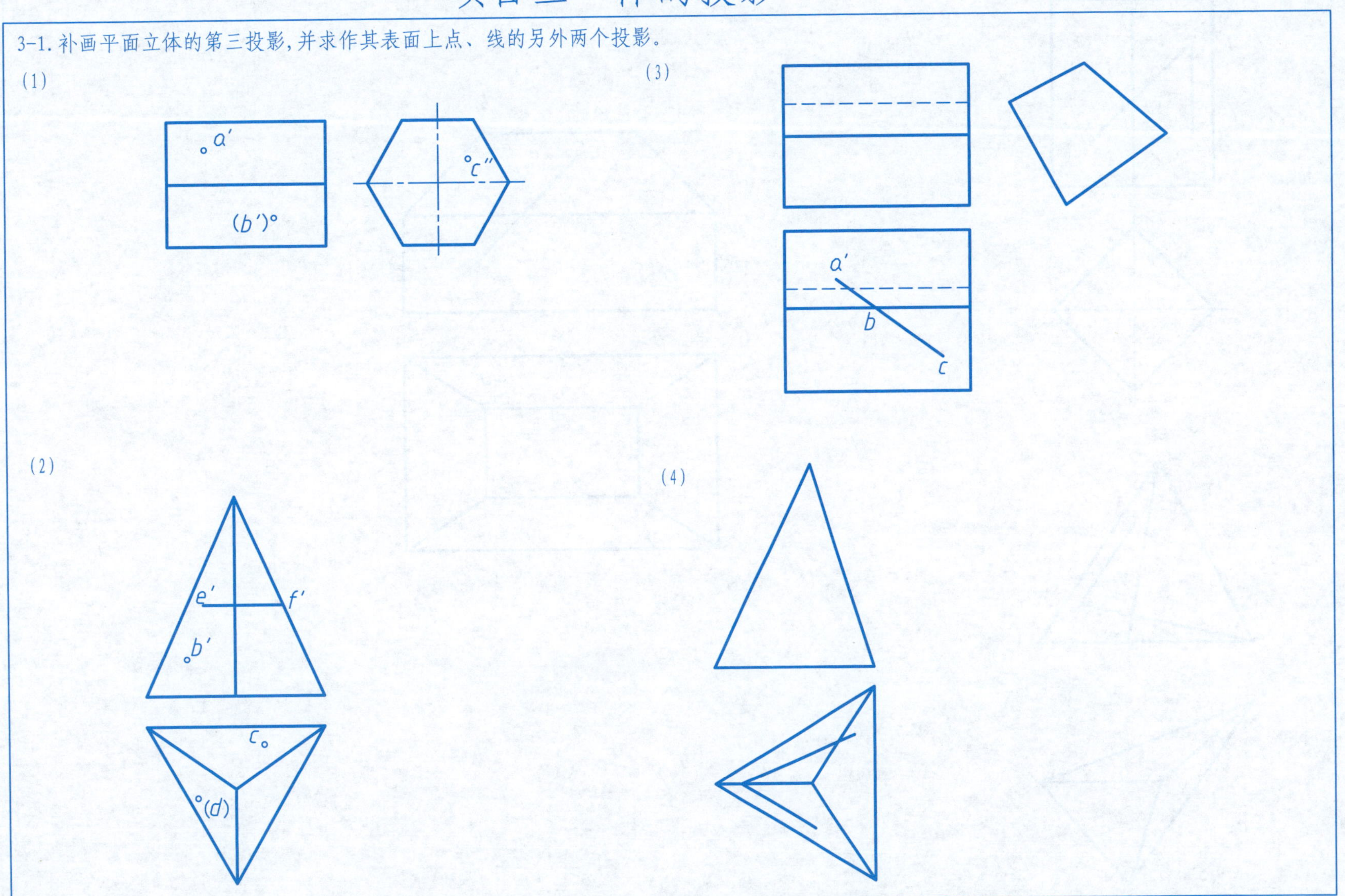

3-2. 完成平面立体的第三投影及其表面上点和线段的另外两投影。

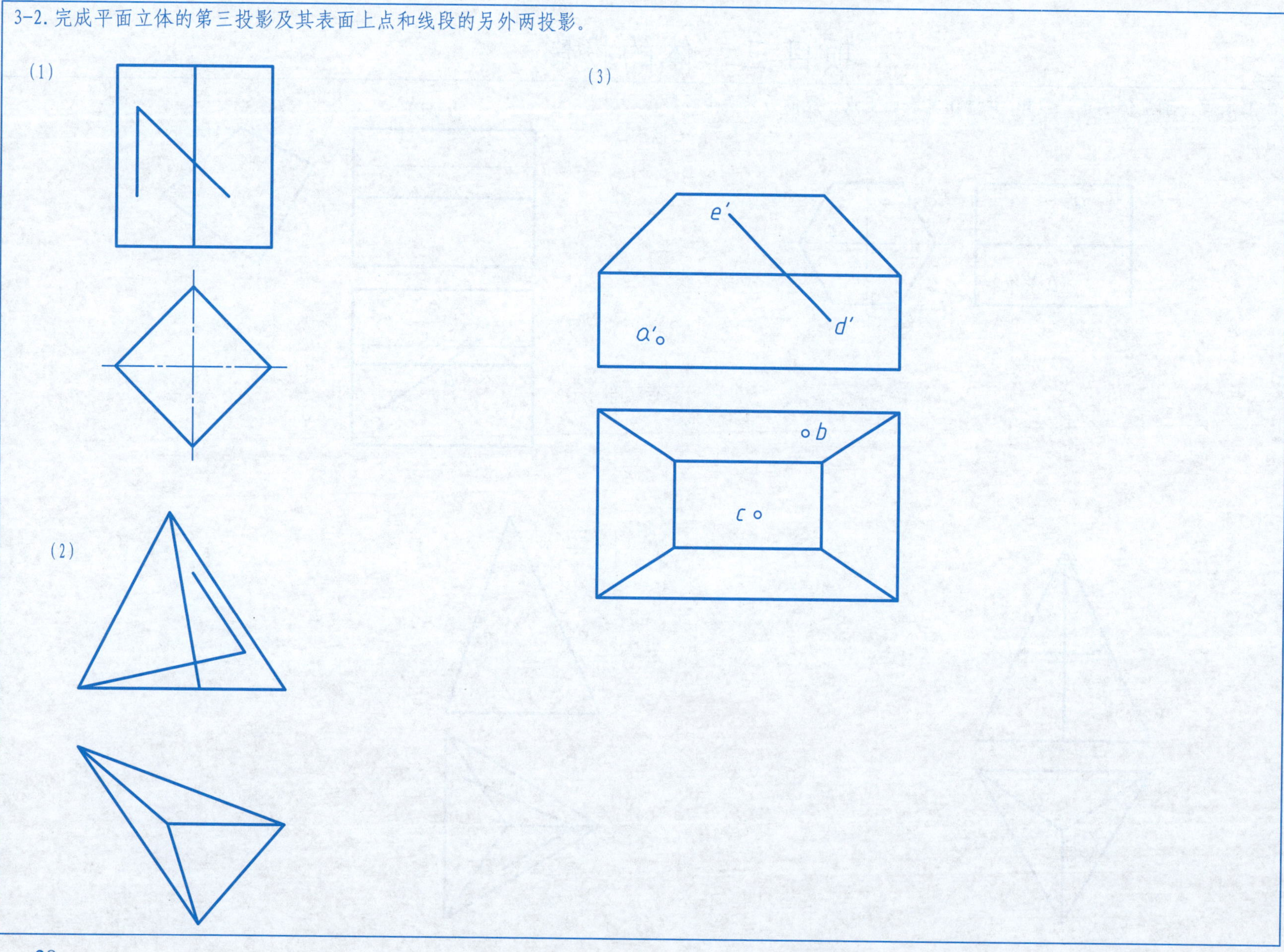

班级　　姓名　　学号

3-3. 补画圆柱的第三投影，并完成其表面上 AB、CD 线段的另外两投影。

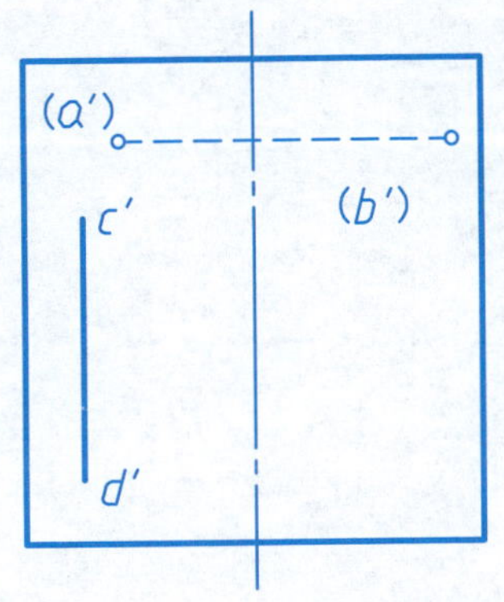

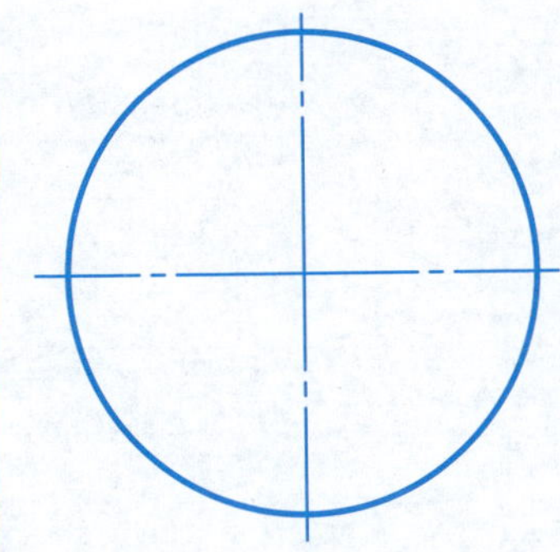

3-4. 补画圆锥的侧面投影，并完成其表面上点和线段的另外两投影。

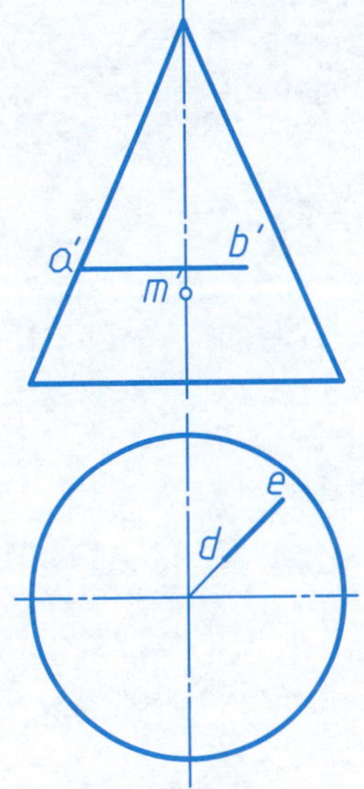

3-5. 补画球的侧面投影，并完成球表面上点和线段的另外两投影。

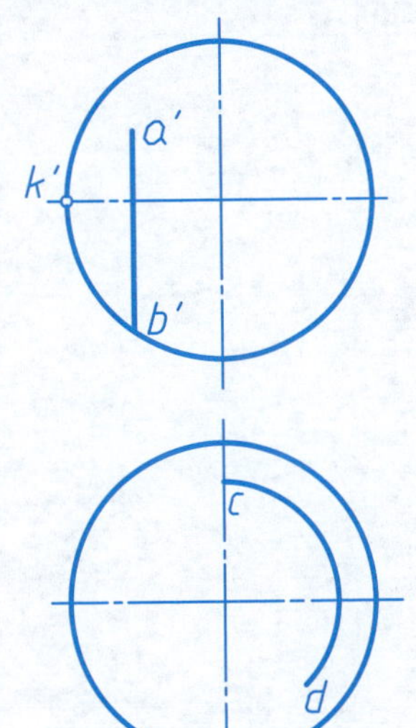

班级　　　　姓名　　　　学号

3-6. 完成平面体被截切后的水平投影，补画其侧面投影，并作断面实形。

(1)

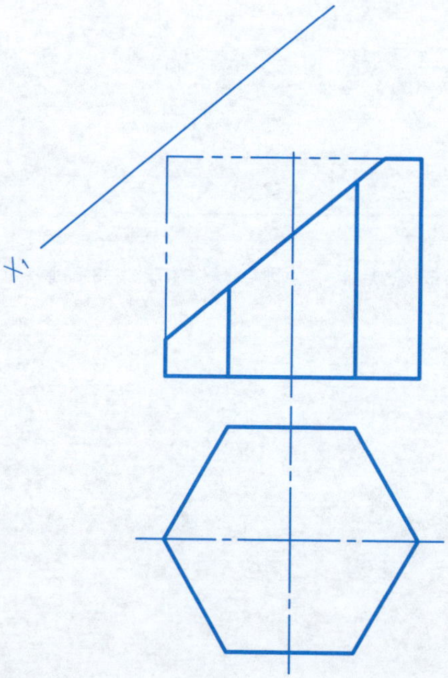

X′

(2)

X′

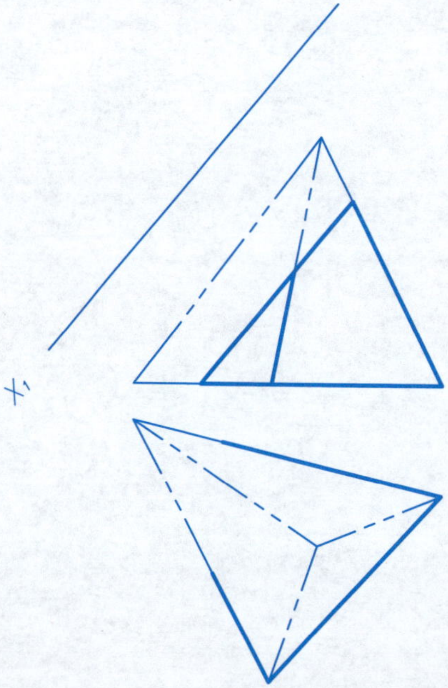

班级　　　　姓名　　　　学号

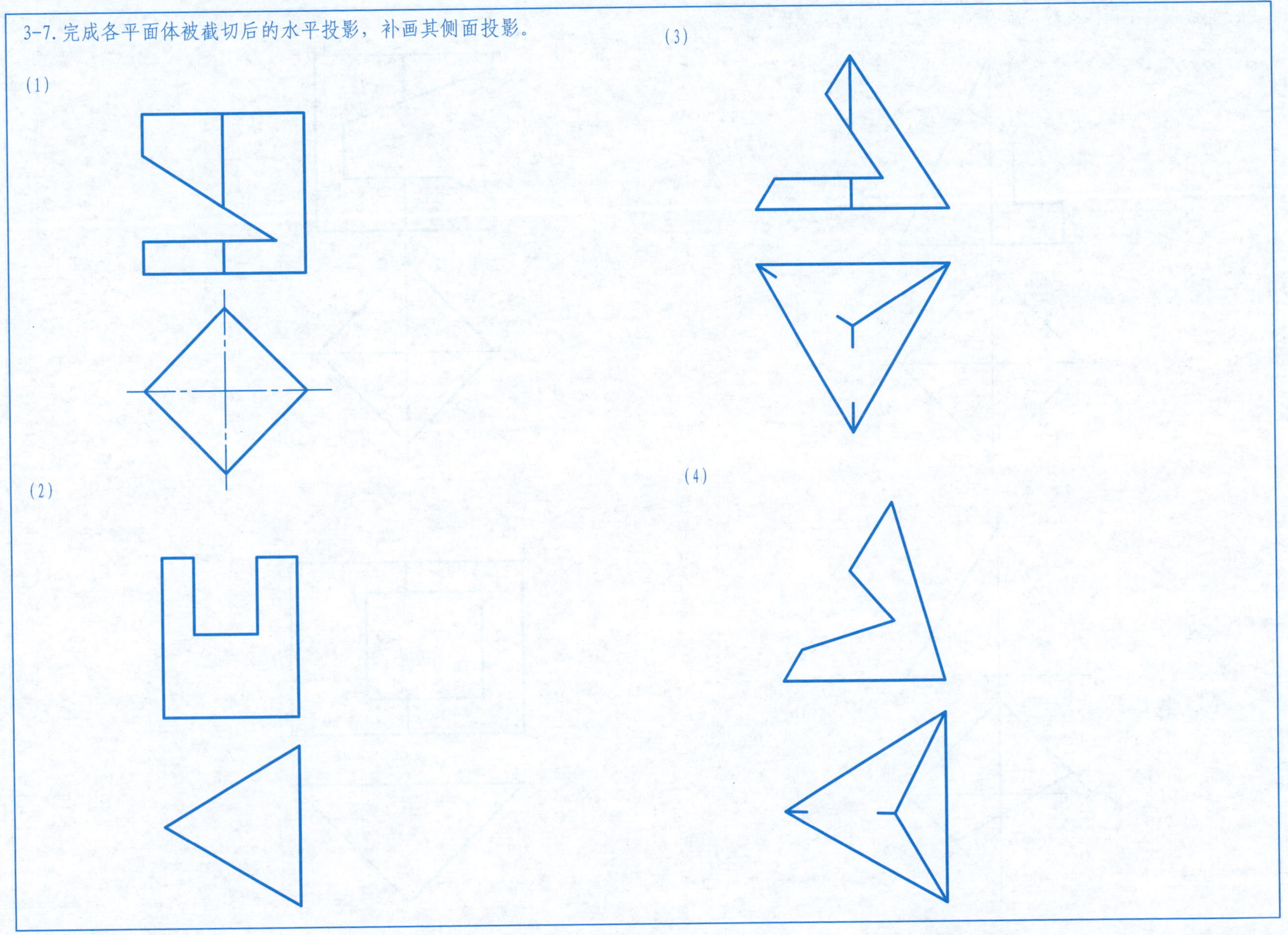

班级　　　　姓名　　　　学号

3-8. 完成以下平面体被截切后的水平投影，并补画其侧面投影。

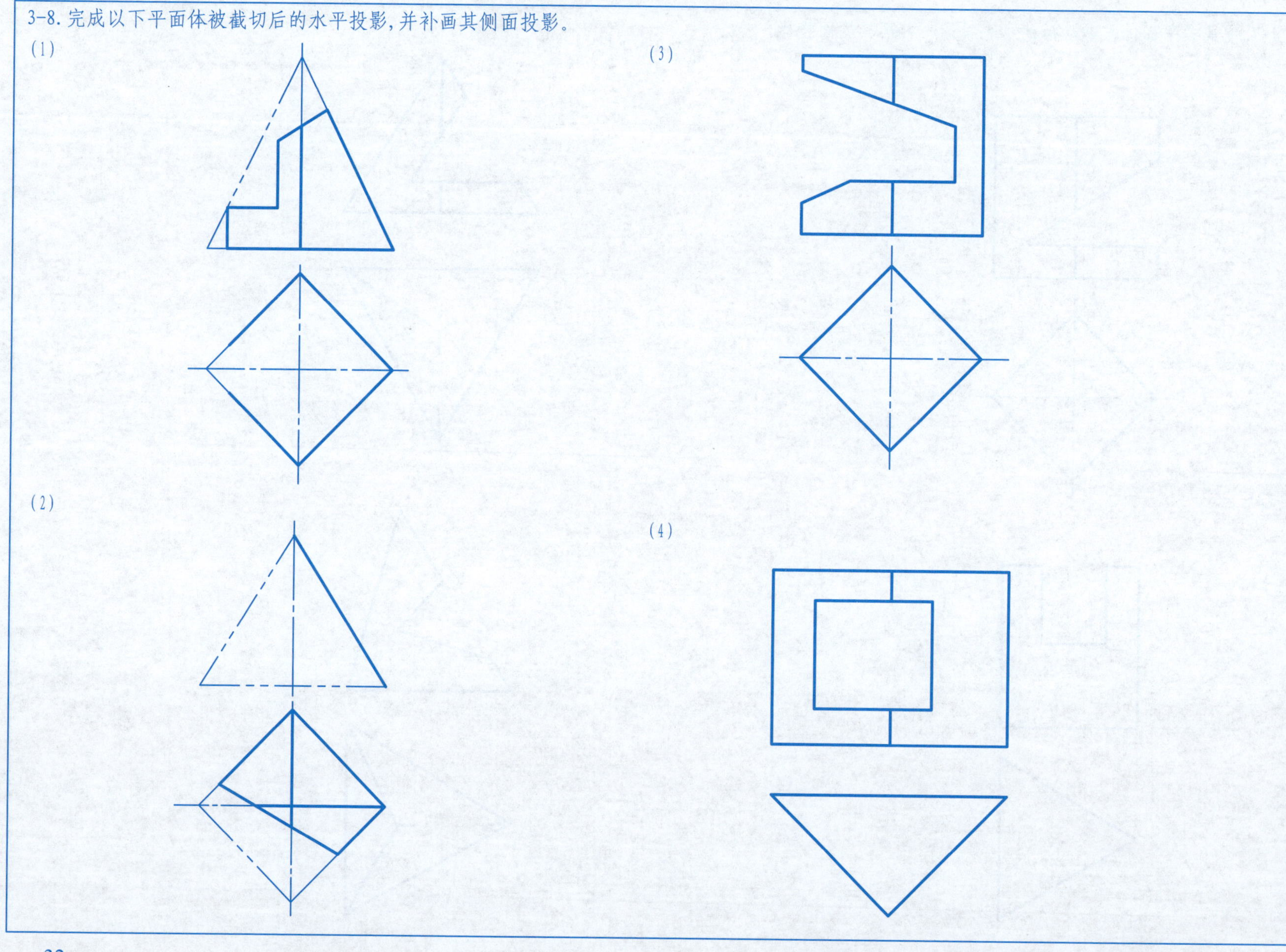

班级　　姓名　　学号

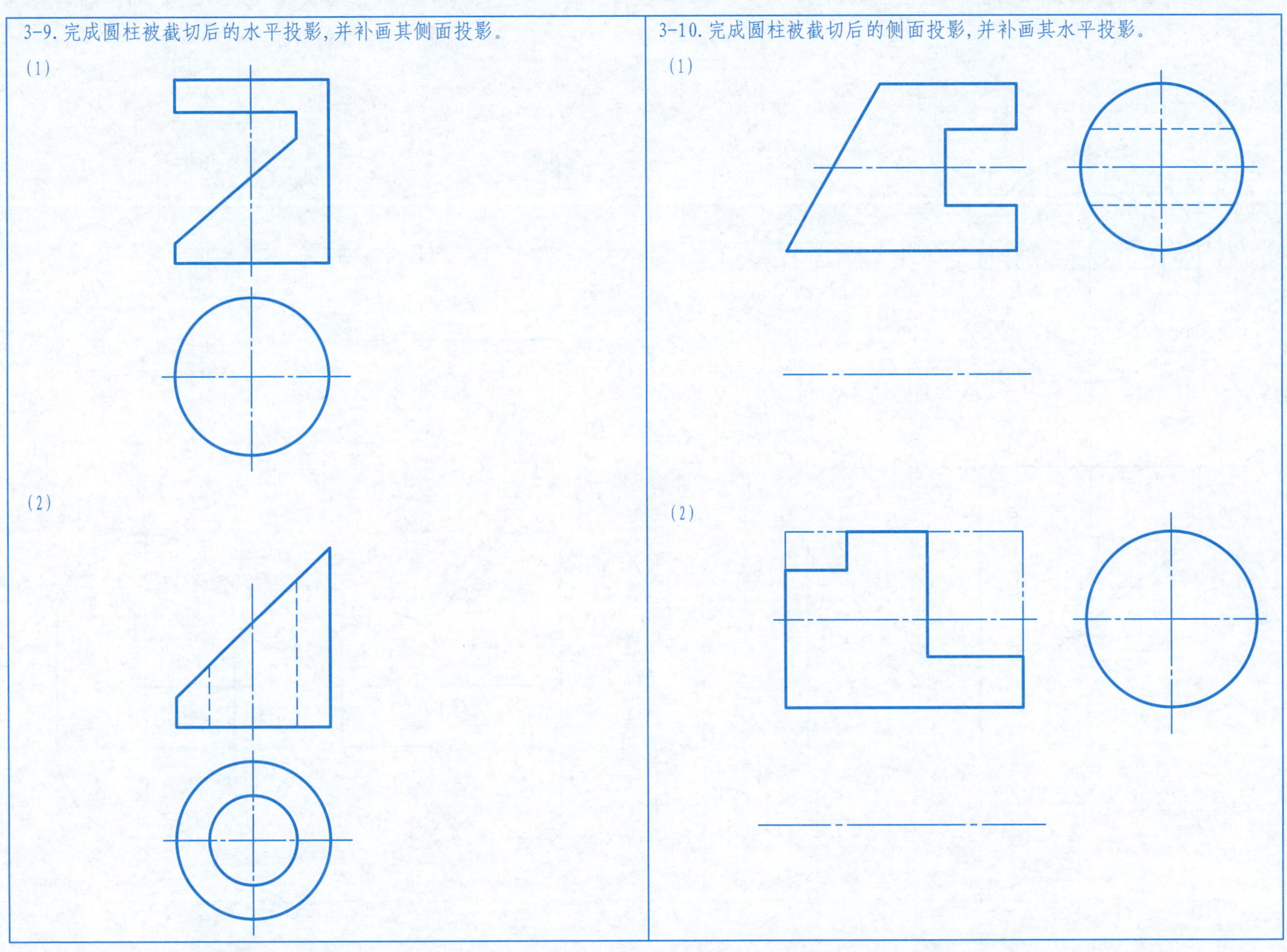
3-9. 完成圆柱被截切后的水平投影，并补画其侧面投影。
(1)
(2)
3-10. 完成圆柱被截切后的侧面投影，并补画其水平投影。
(1)
(2)

班级　　　　姓名　　　　学号

3-11. 画出空心圆柱被截切后的水平投影。

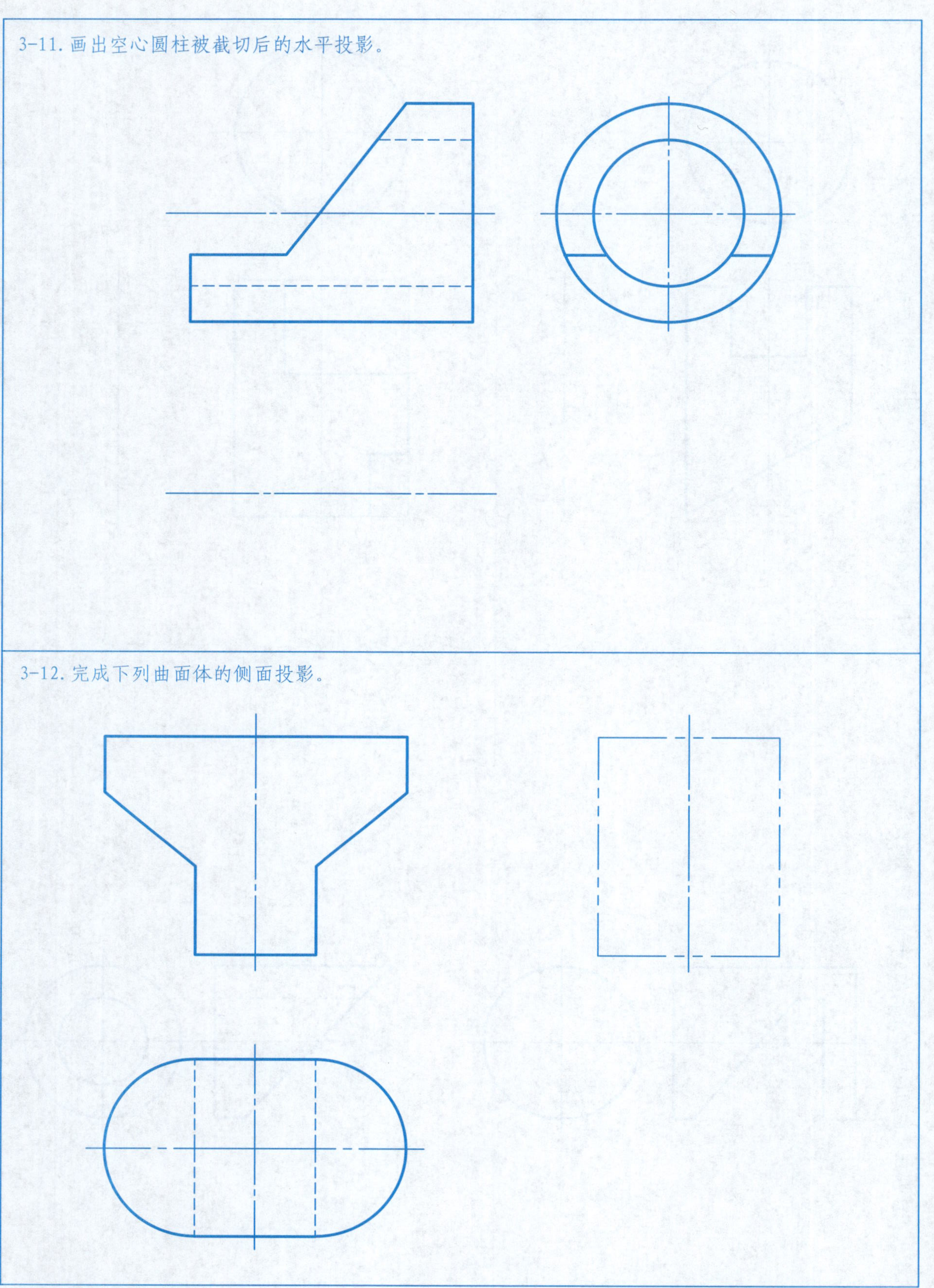

3-12. 完成下列曲面体的侧面投影。

3-13. 完成圆锥被截切后的水平投影，并补画其侧面投影。

3-14. 完成圆球被截切后的水平投影和侧面投影。

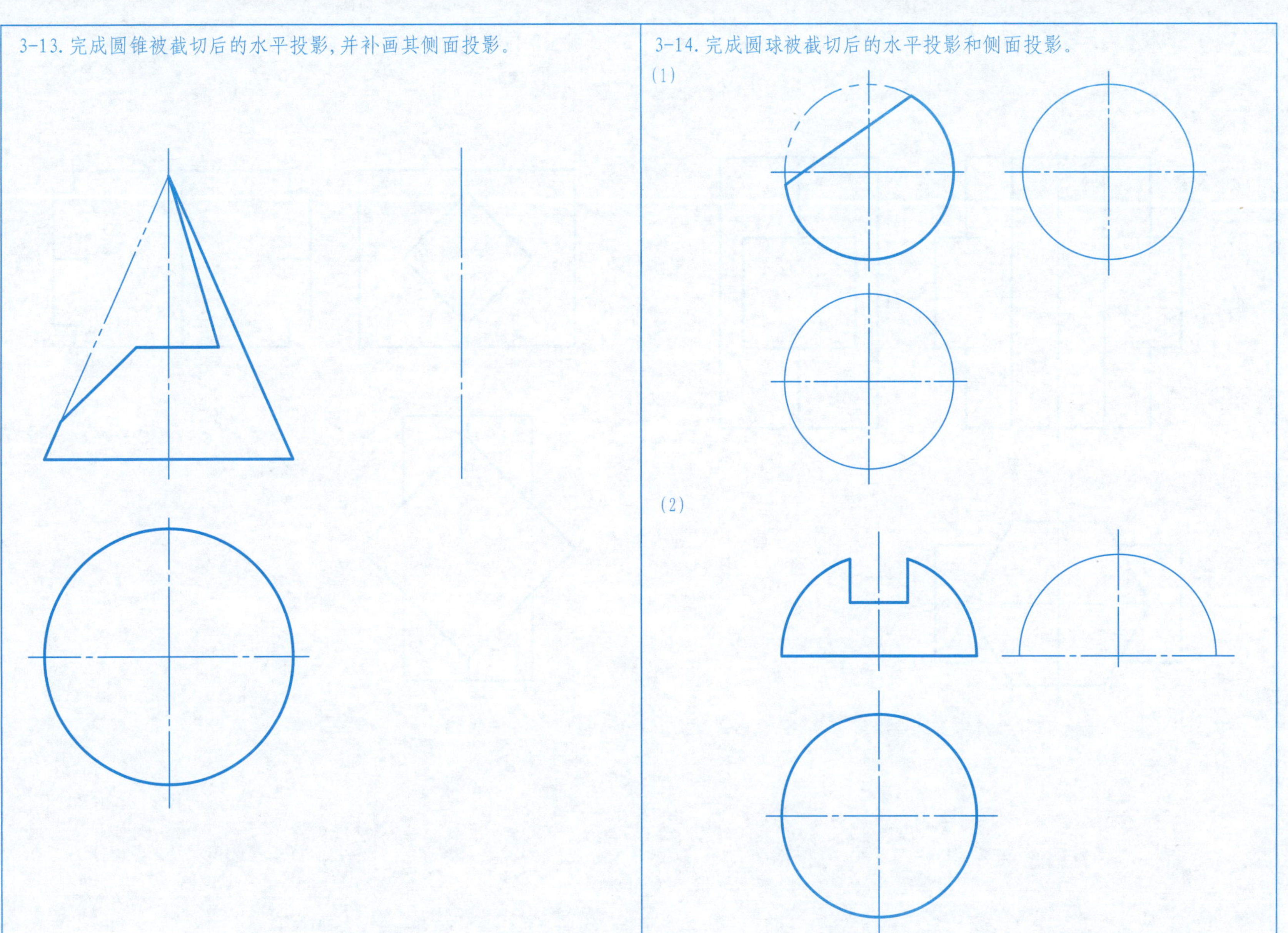

3-15. 完成四棱柱与六棱柱相贯后的正面投影。

3-16. 补全两四棱柱相贯后的侧面投影。

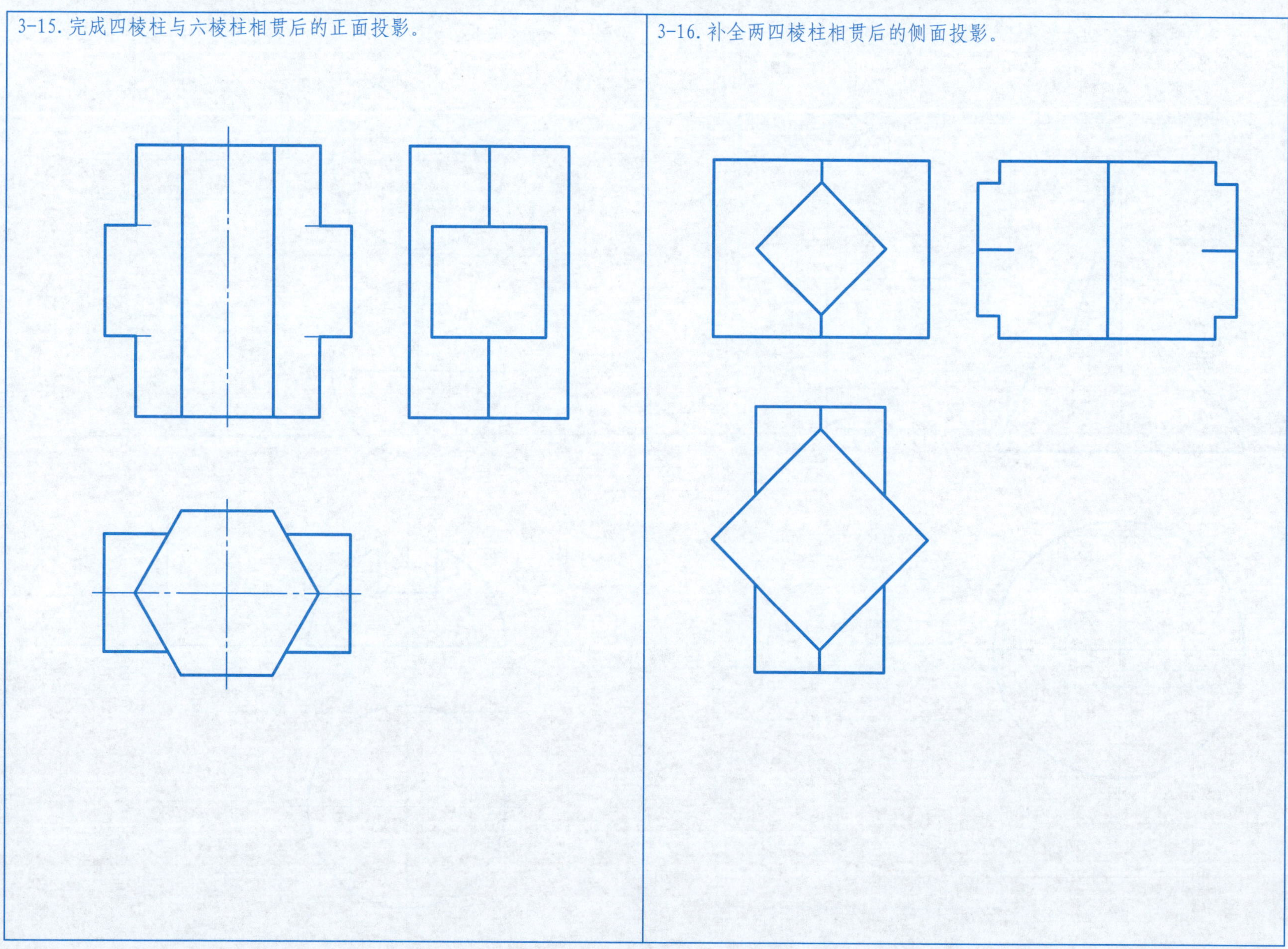

班级　　姓名　　学号

3-17. 完成四棱柱与三棱锥相贯后的水平投影，并补画其侧面投影。

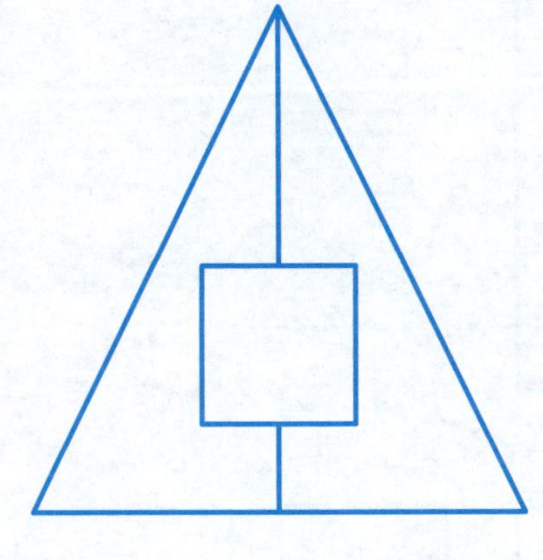

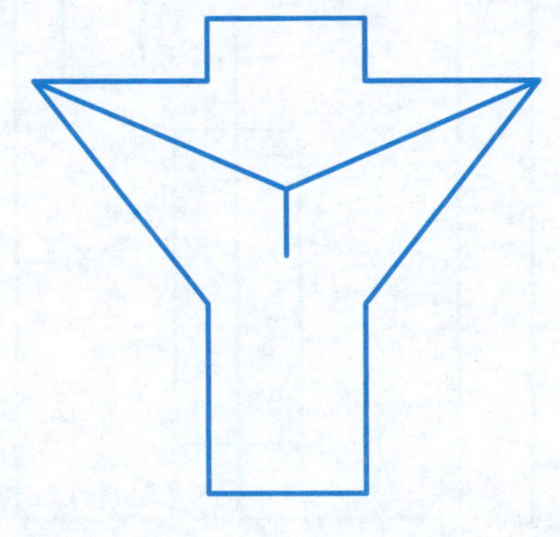

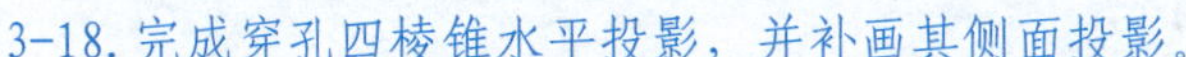

3-18. 完成穿孔四棱锥水平投影，并补画其侧面投影。

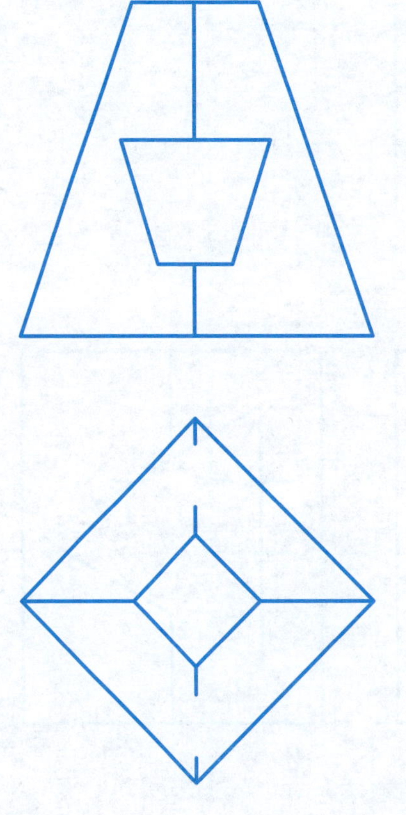

班级　　　　姓名　　　　学号

3-19. 完成两三棱柱相贯后的正面投影。

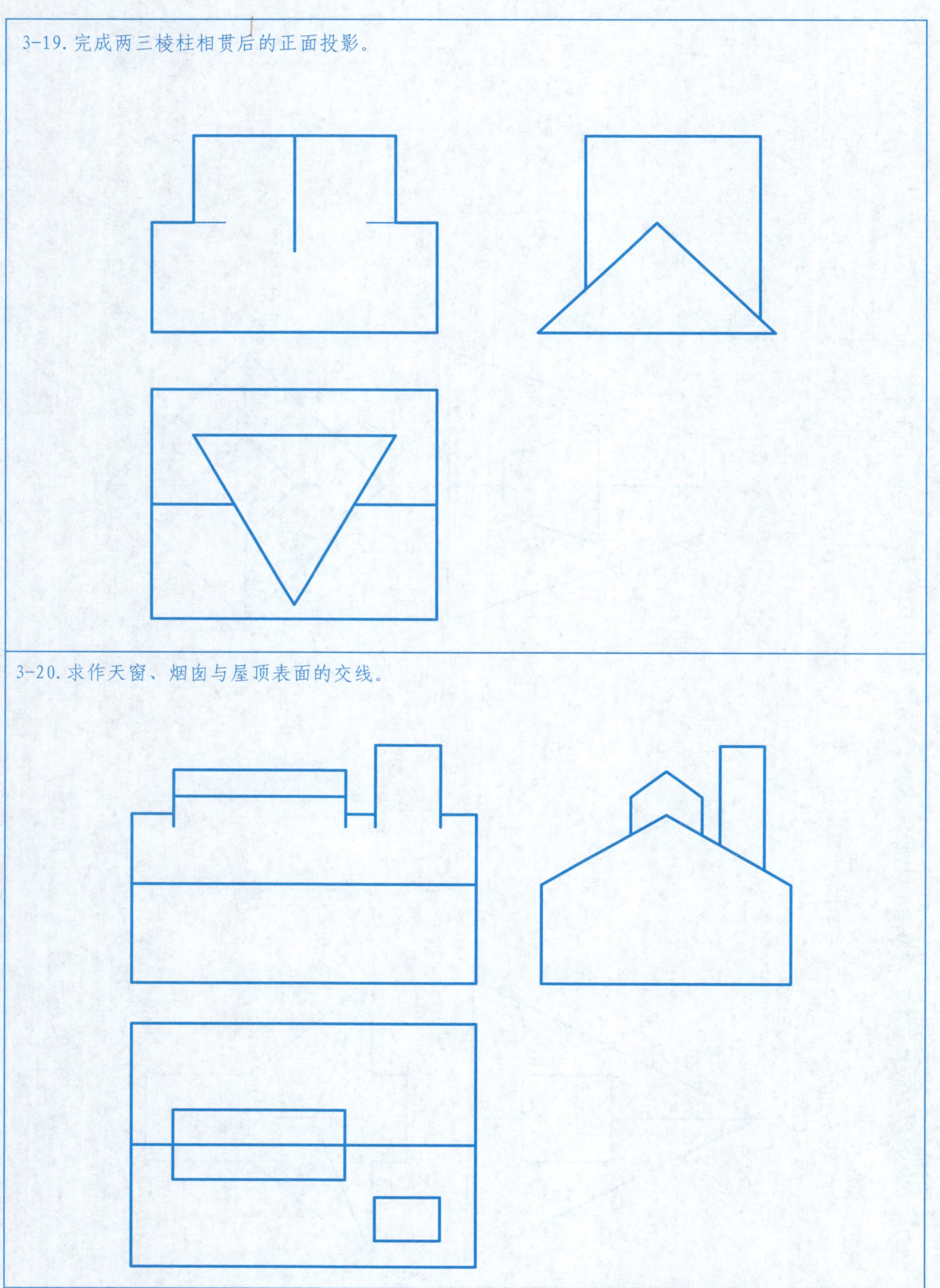

3-20. 求作天窗、烟囱与屋顶表面的交线。

班级　　　　姓名　　　　学号

3-21. 完成圆锥与四棱柱相贯后的正面投影和侧面投影。

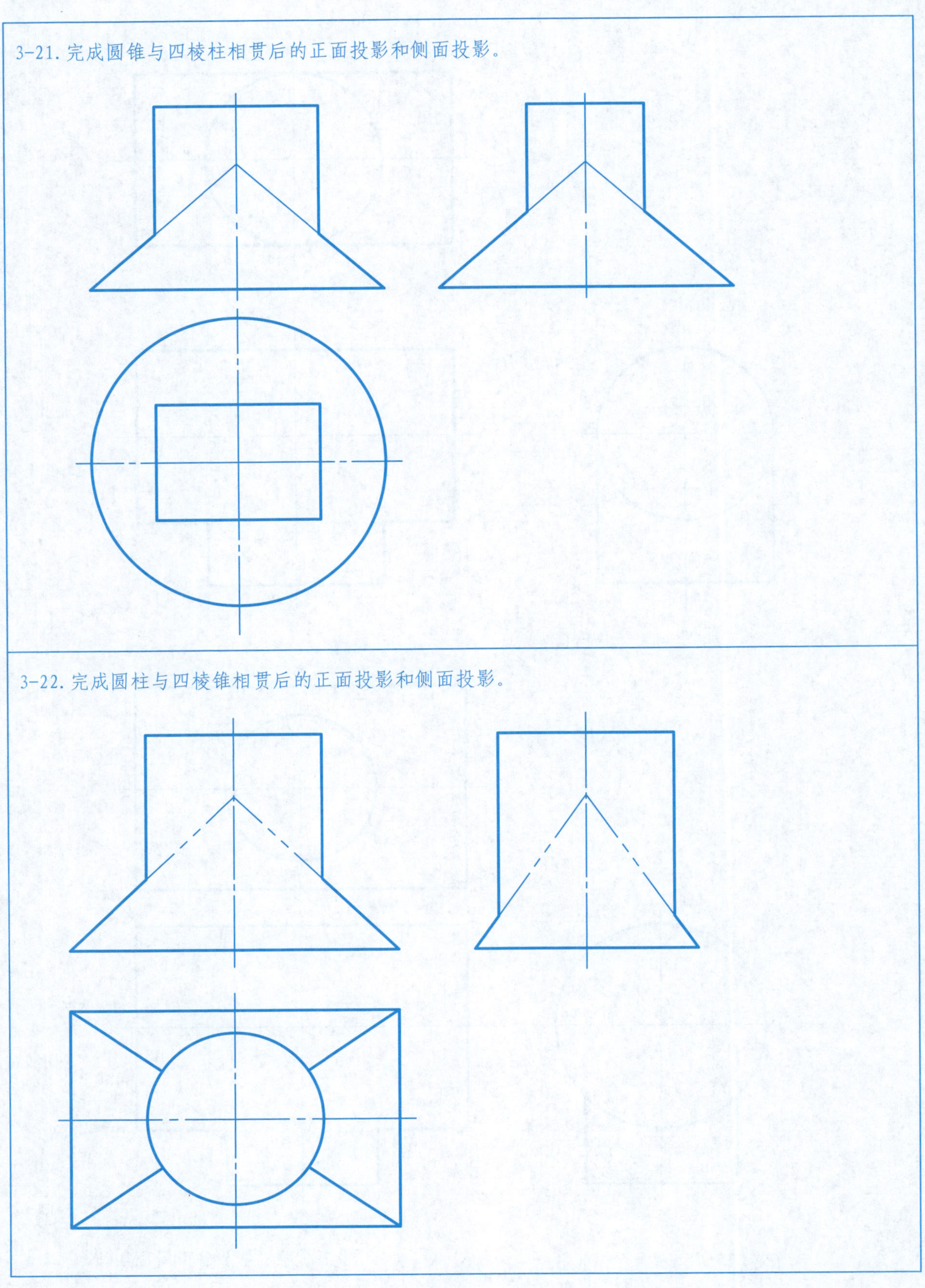

3-22. 完成圆柱与四棱锥相贯后的正面投影和侧面投影。

3-23. 完成两圆柱相贯后的正面投影。

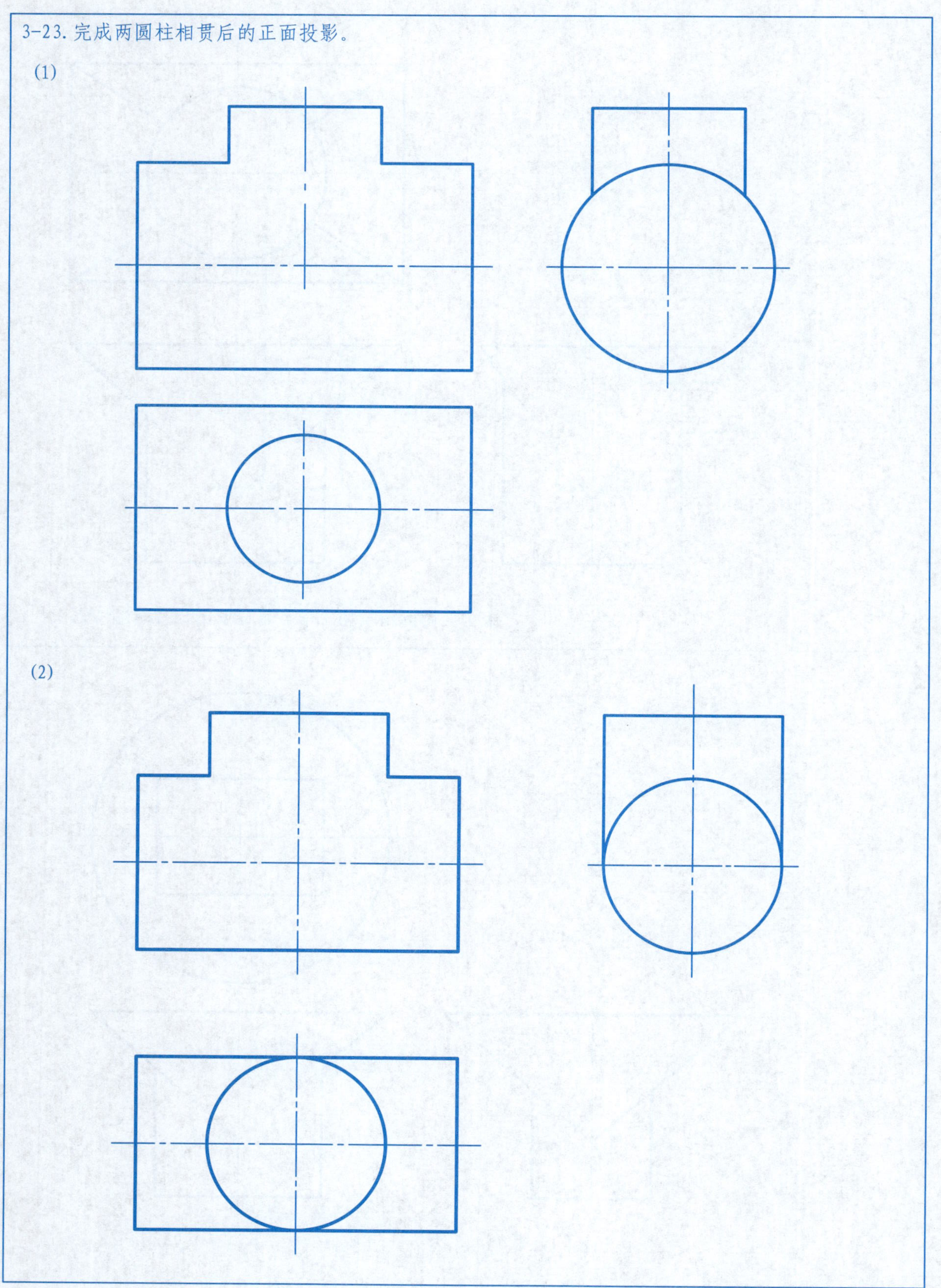

班级　　姓名　　学号

3-24. 完成两空心半圆柱相贯后的正面投影。

3-25. 完成圆锥与圆柱相贯后的正面投影和水平投影。

3-26. 看懂下列各组组合体的三面投影图，找出所对应的轴测图，并将其编号填写在该组投影图旁的圆圈内。

班级　　姓名　　学号

3-27. 根据组合体的轴测图和已知两面投影图，补画其第三面投影图。

(1) (2) (3)

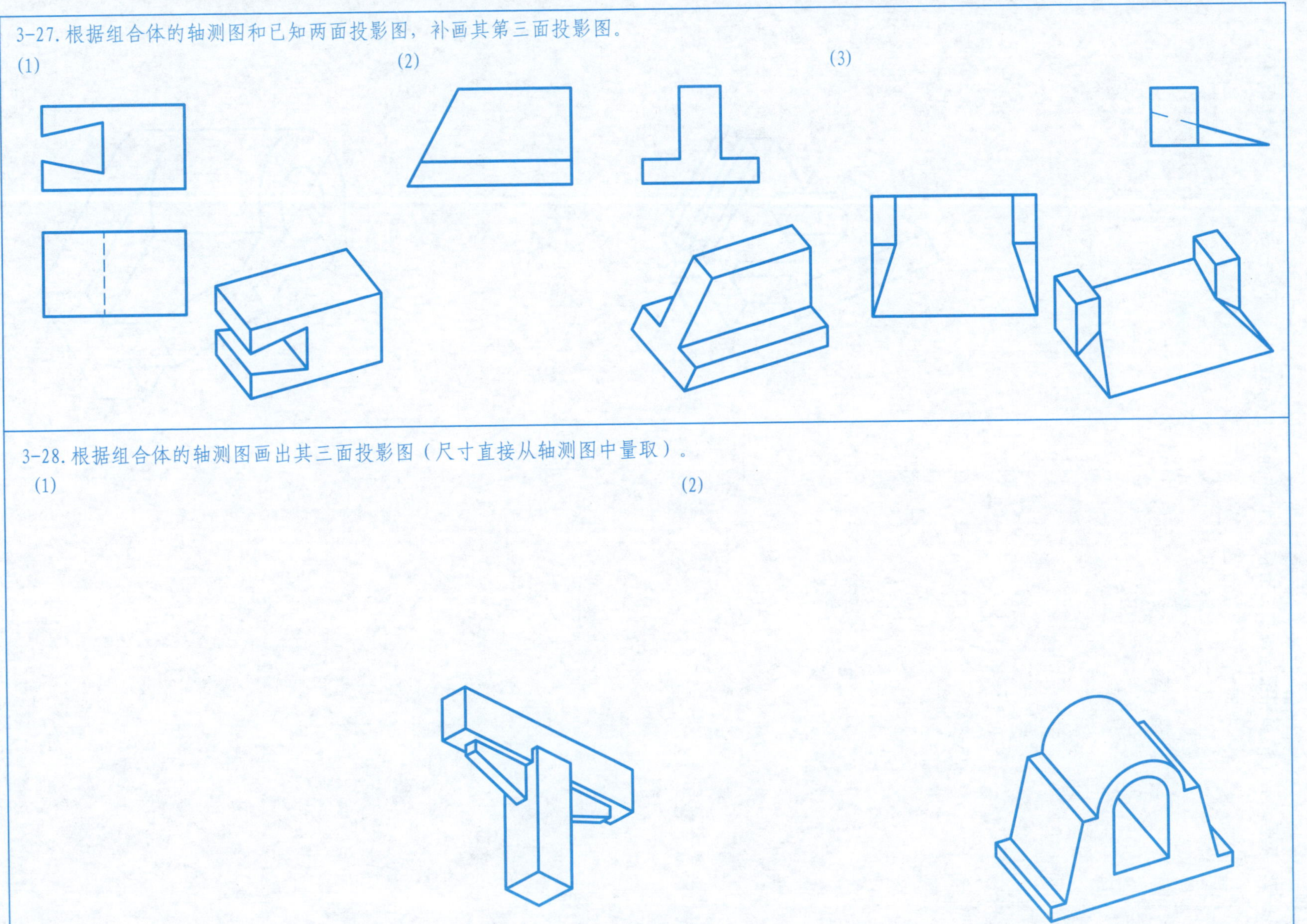

3-28. 根据组合体的轴测图画出其三面投影图（尺寸直接从轴测图中量取）。

(1) (2)

班级　　姓名　　学号

3-29. 根据组合体的轴测图绘制其三面投影图，并标注组合体的尺寸（尺寸数值按1：1从图中量取）。

(1)

(2)

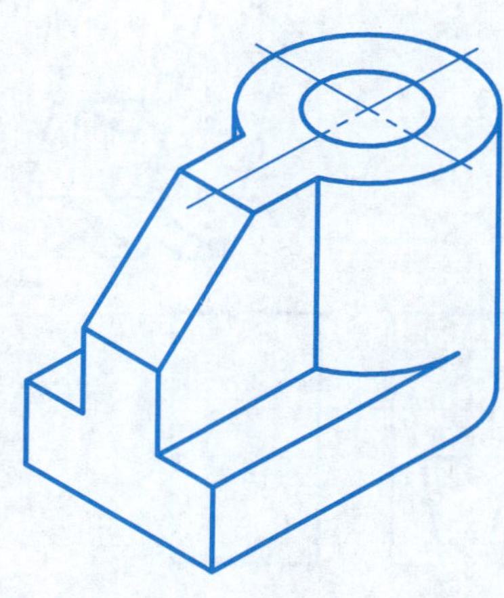

班级　　姓名　　学号

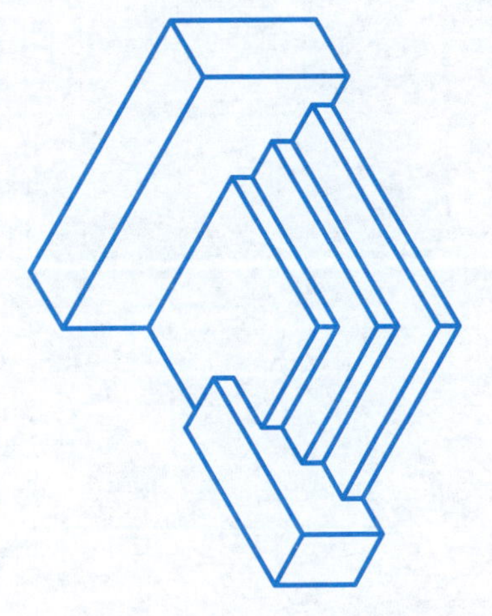

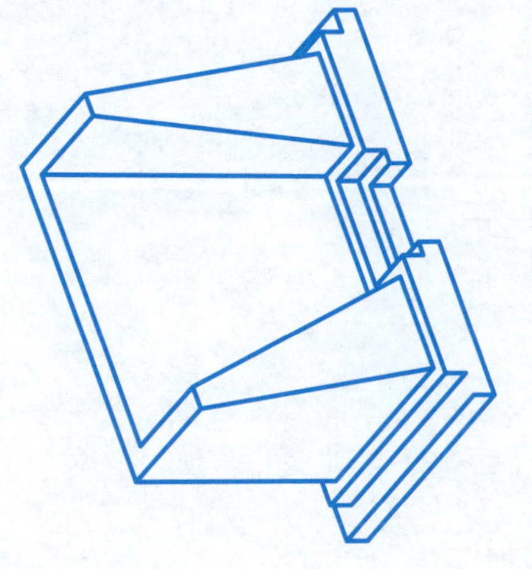

(3)

(4)

(5)

(6)

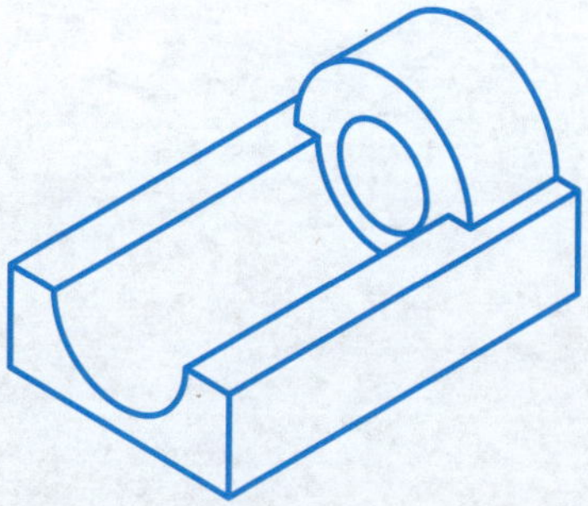

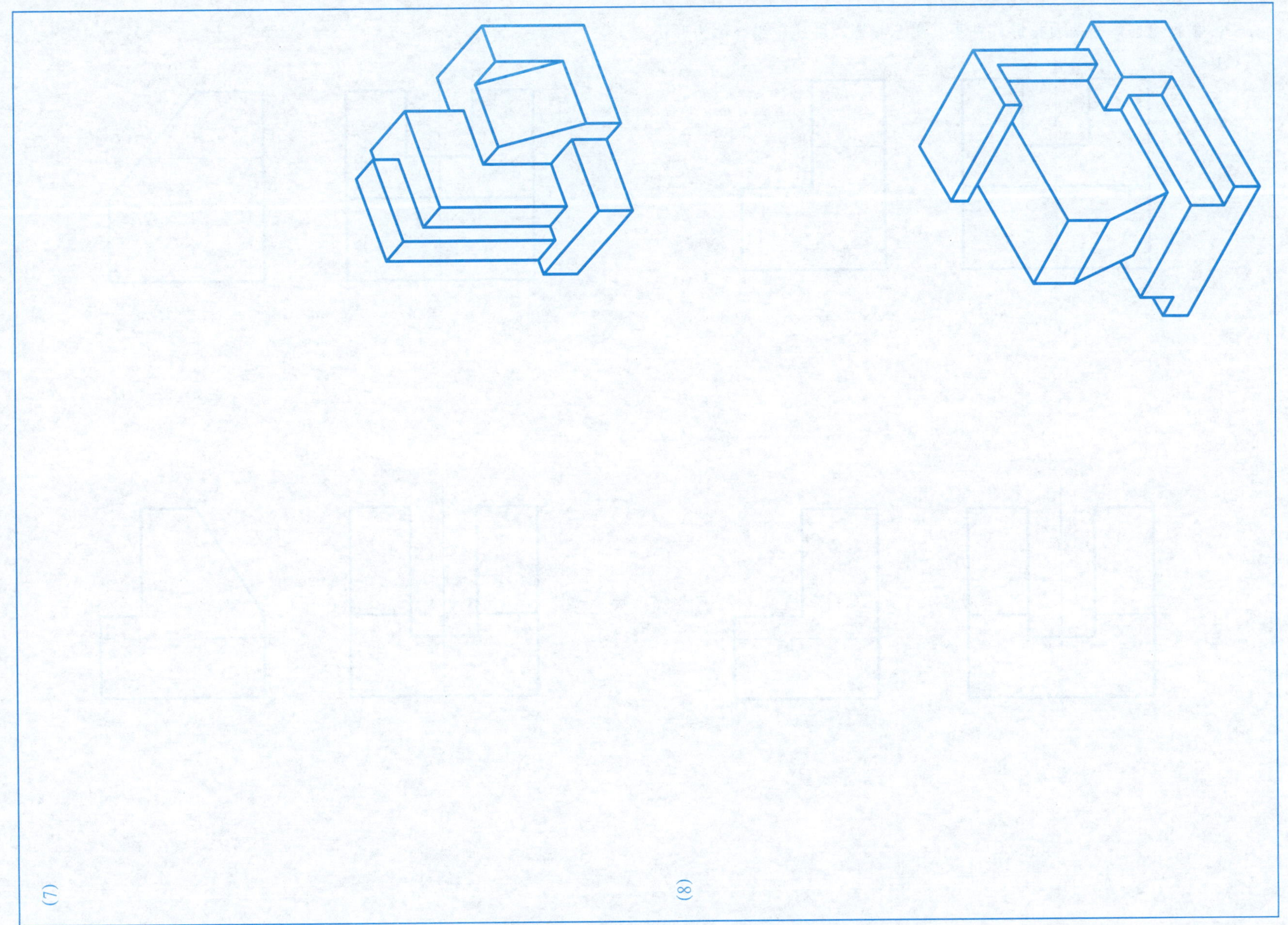
(7)
(8)

3-30. 根据组合体的两面投影，补画其第三投影，并比较组合体的形状。

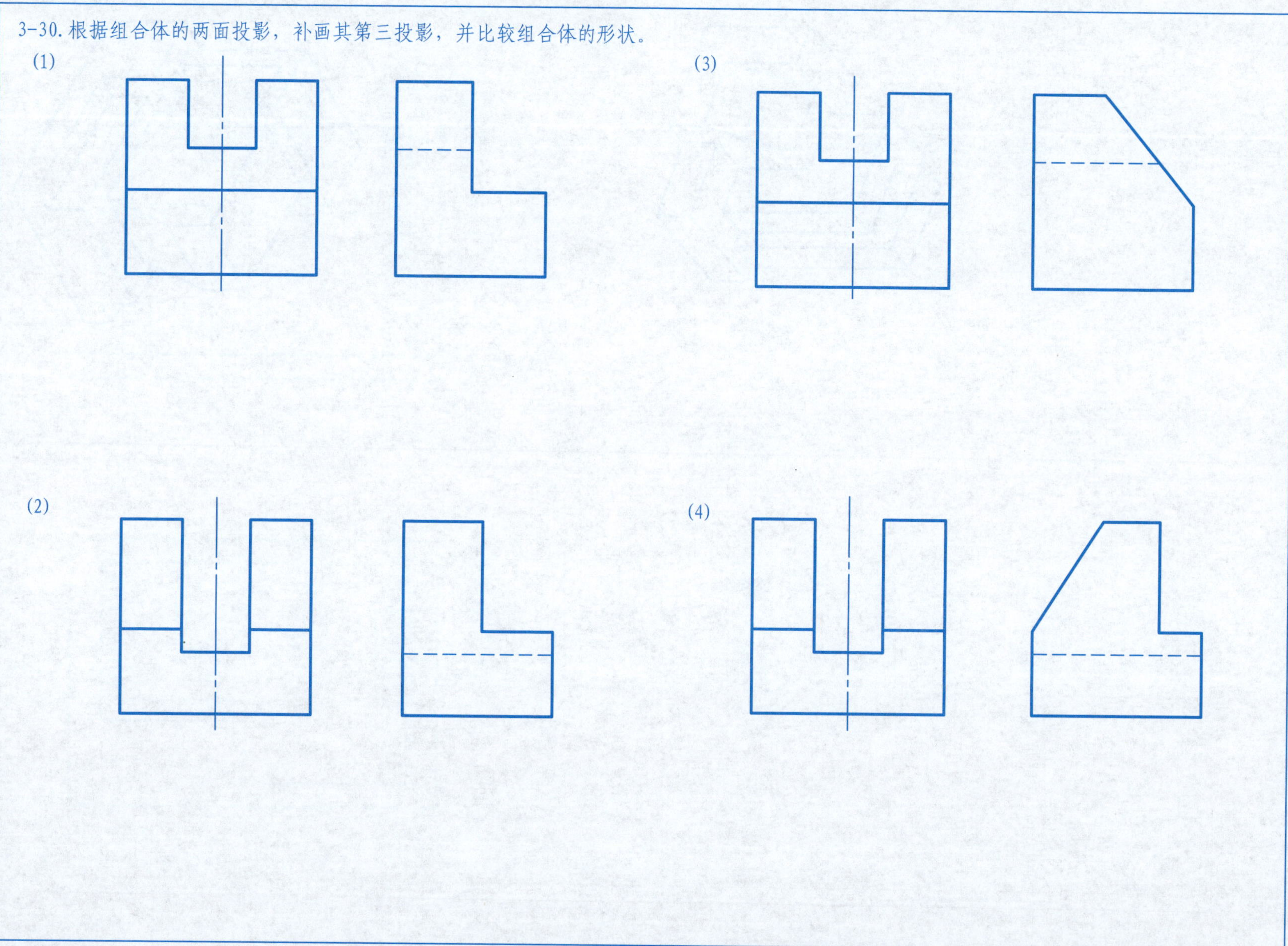

班级　　　　姓名　　　　学号

3-31. 根据组合体的两面投影，补画其第三投影。

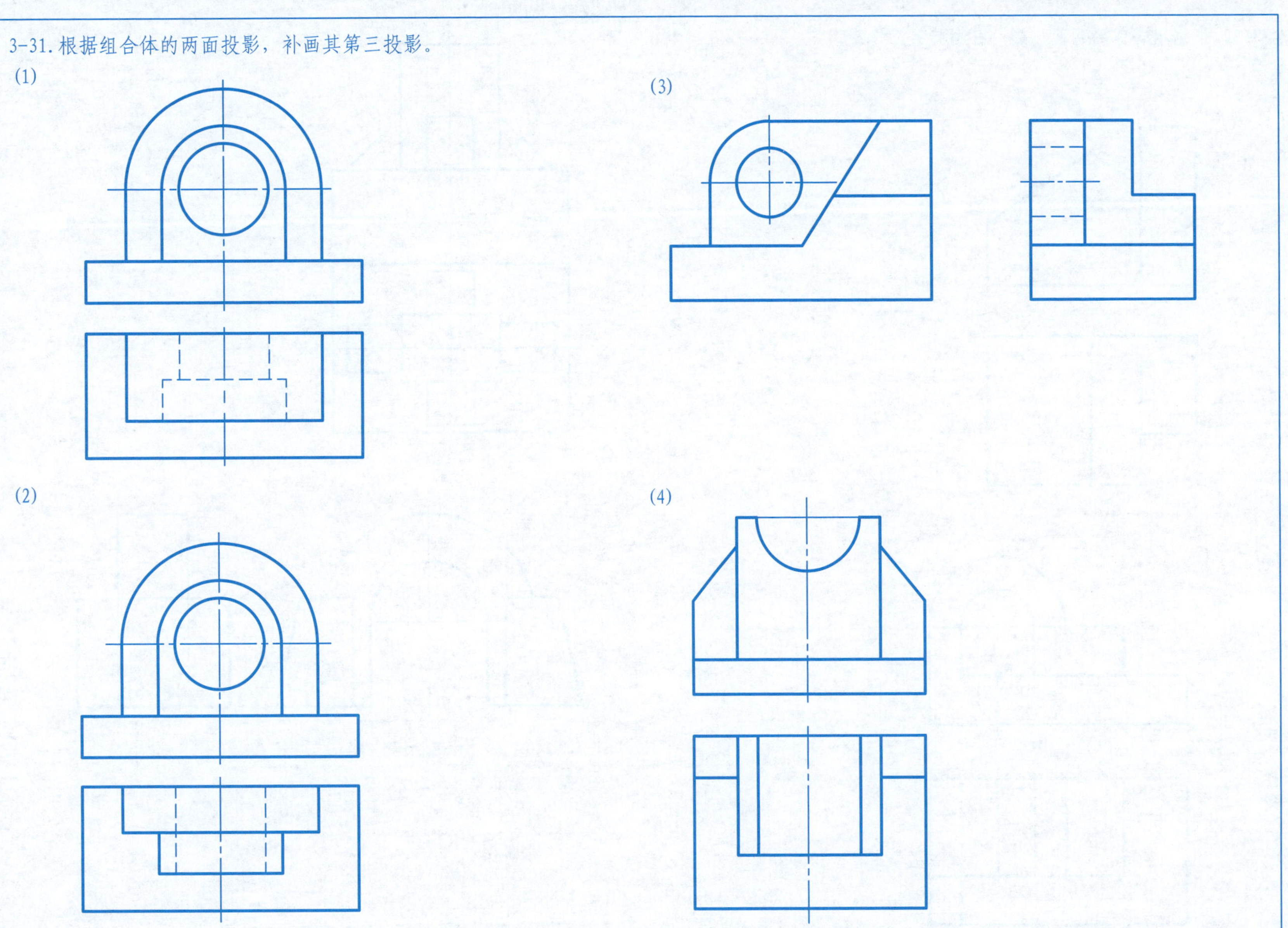

班级　　　　姓名　　　　学号

3-32. 根据组合体的两面投影，补画其第三投影。

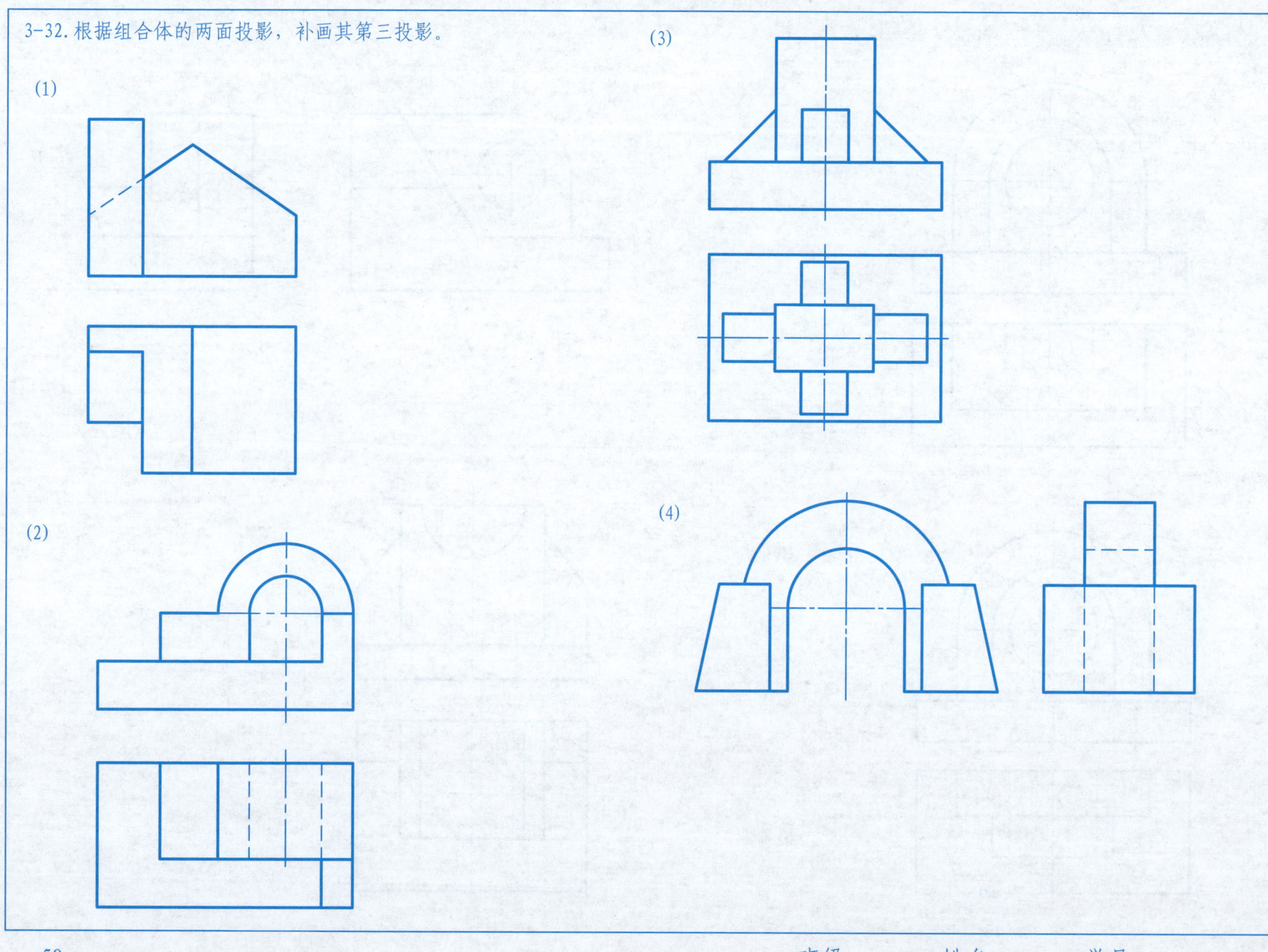

班级　　姓名　　学号

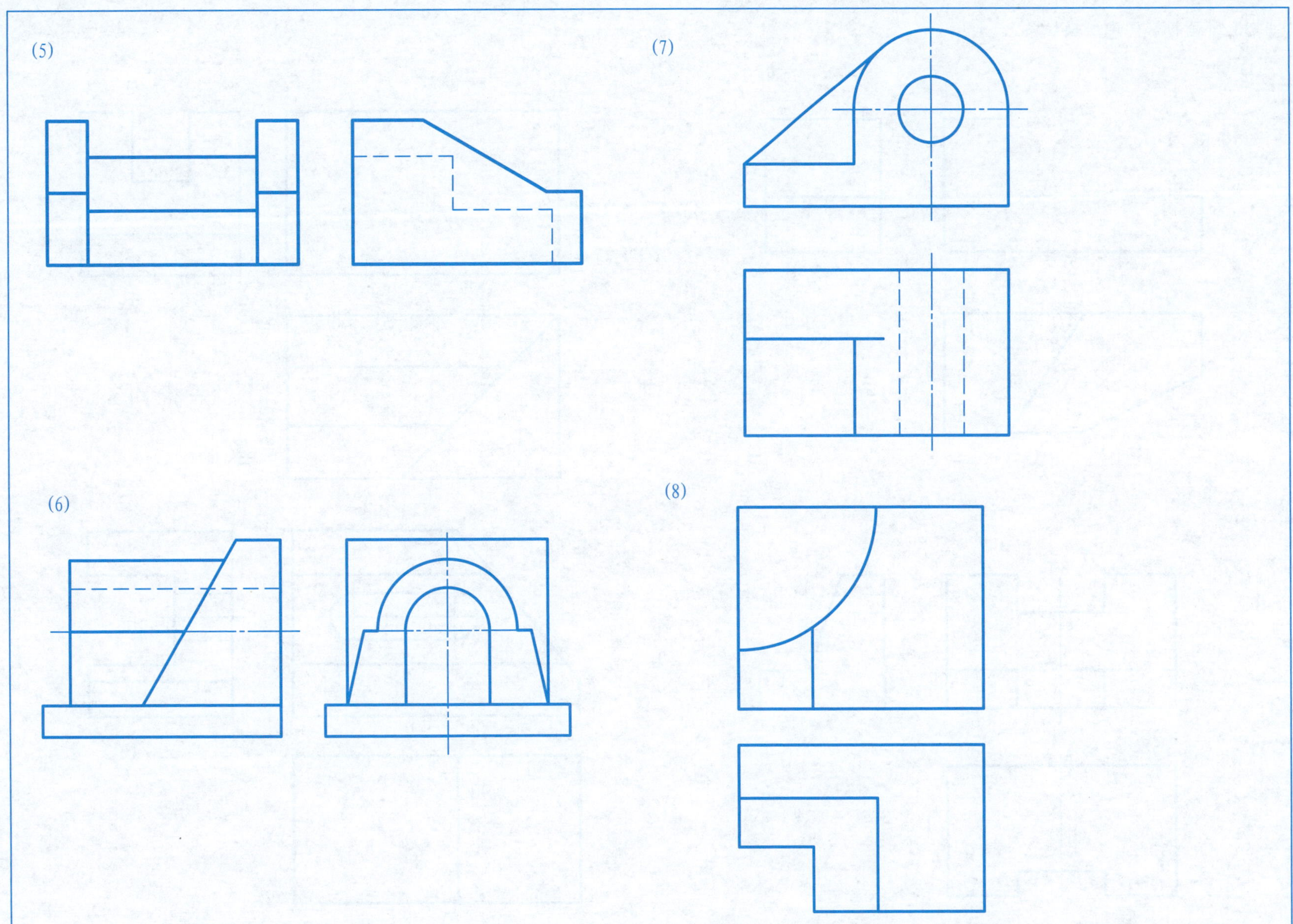

班级　　　　姓名　　　　学号

3-33. 补画投影图中所缺线条。

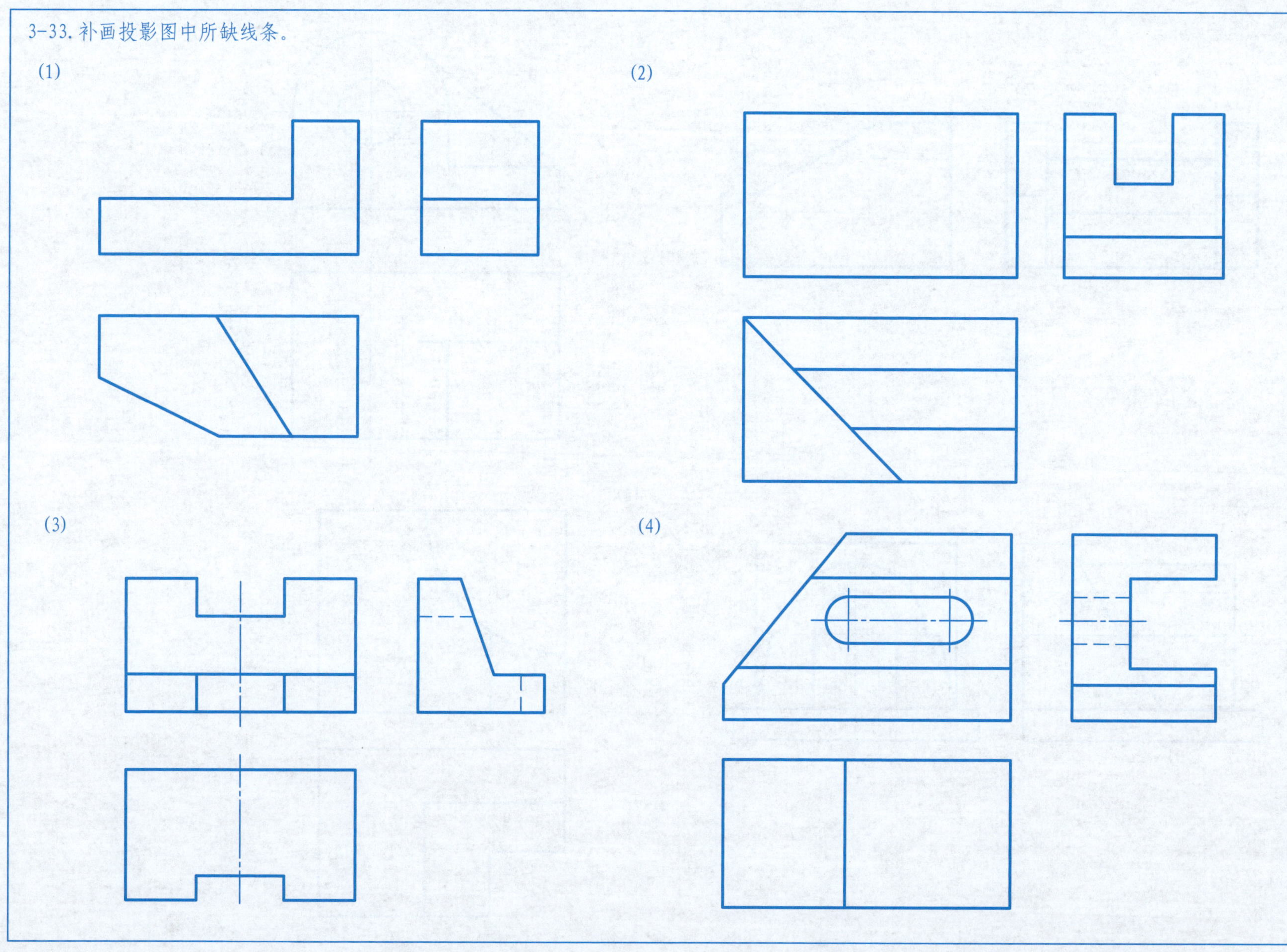

班级　　　　姓名　　　　学号

3-34.已知两投影图，找出与其对应的第三投影。

(1)

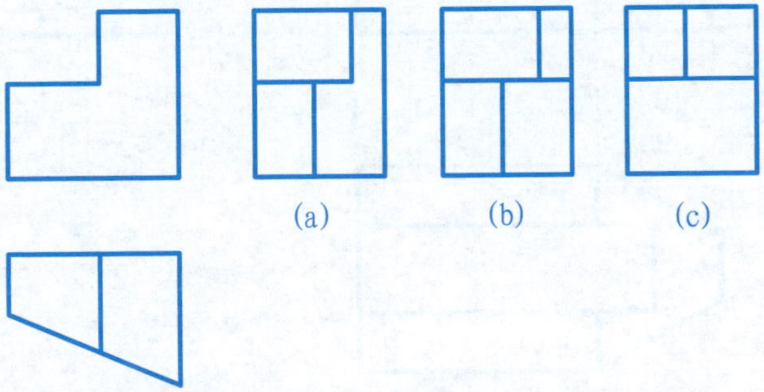

(a) (b) (c)

(2)

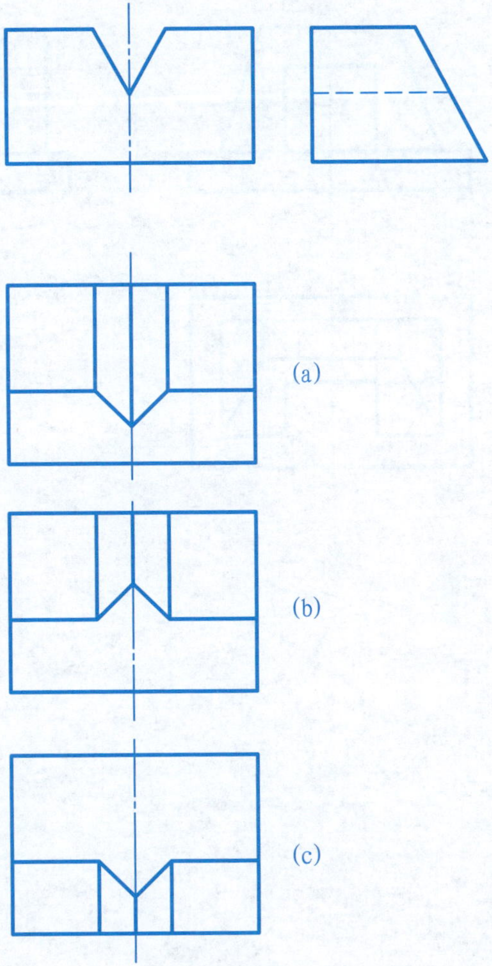

(a)

(b)

(c)

(3)

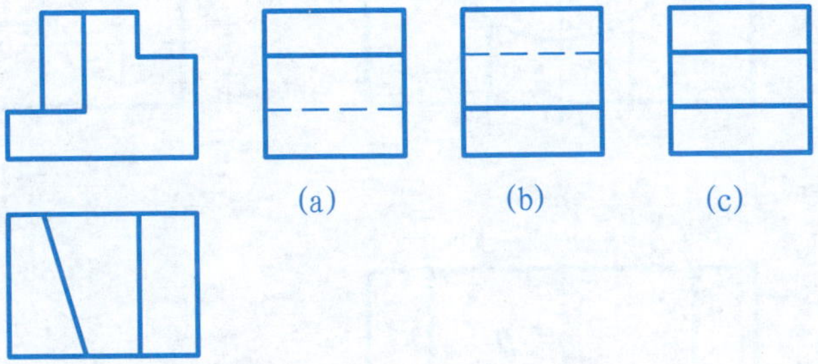

(a) (b) (c)

3-35. 根据形体的三面投影图想象形体的形状。图中用字母表明的表面均为可见表面，用红蓝铅笔画出该表面三个投影的轮廓。

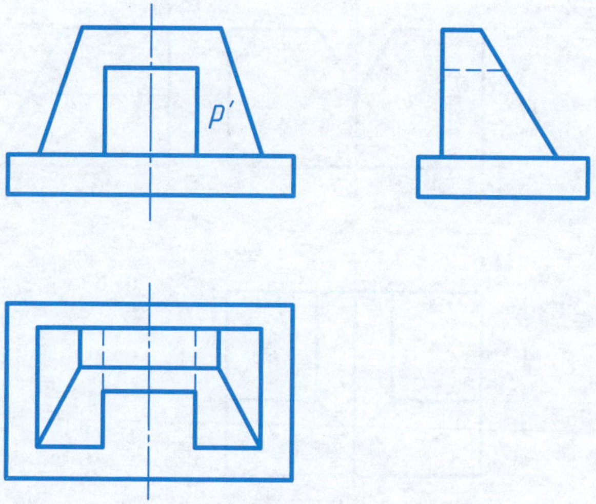

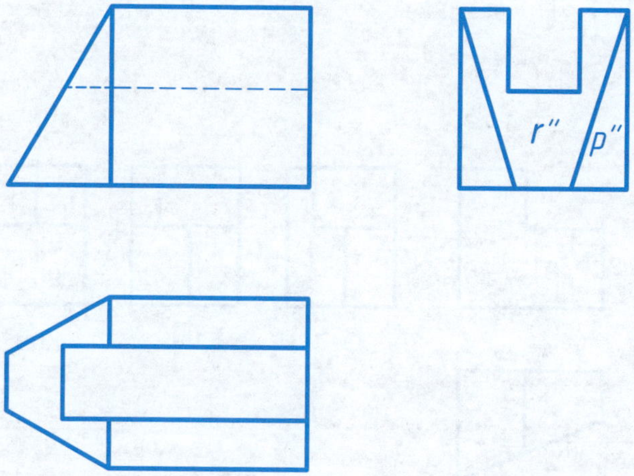

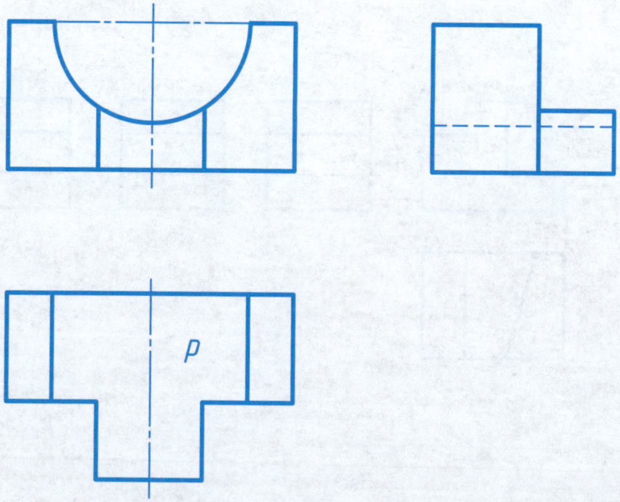

班级　　　　姓名　　　　学号

3-36. 已知形体的二投影，想象其空间形状，并补画第三投影。

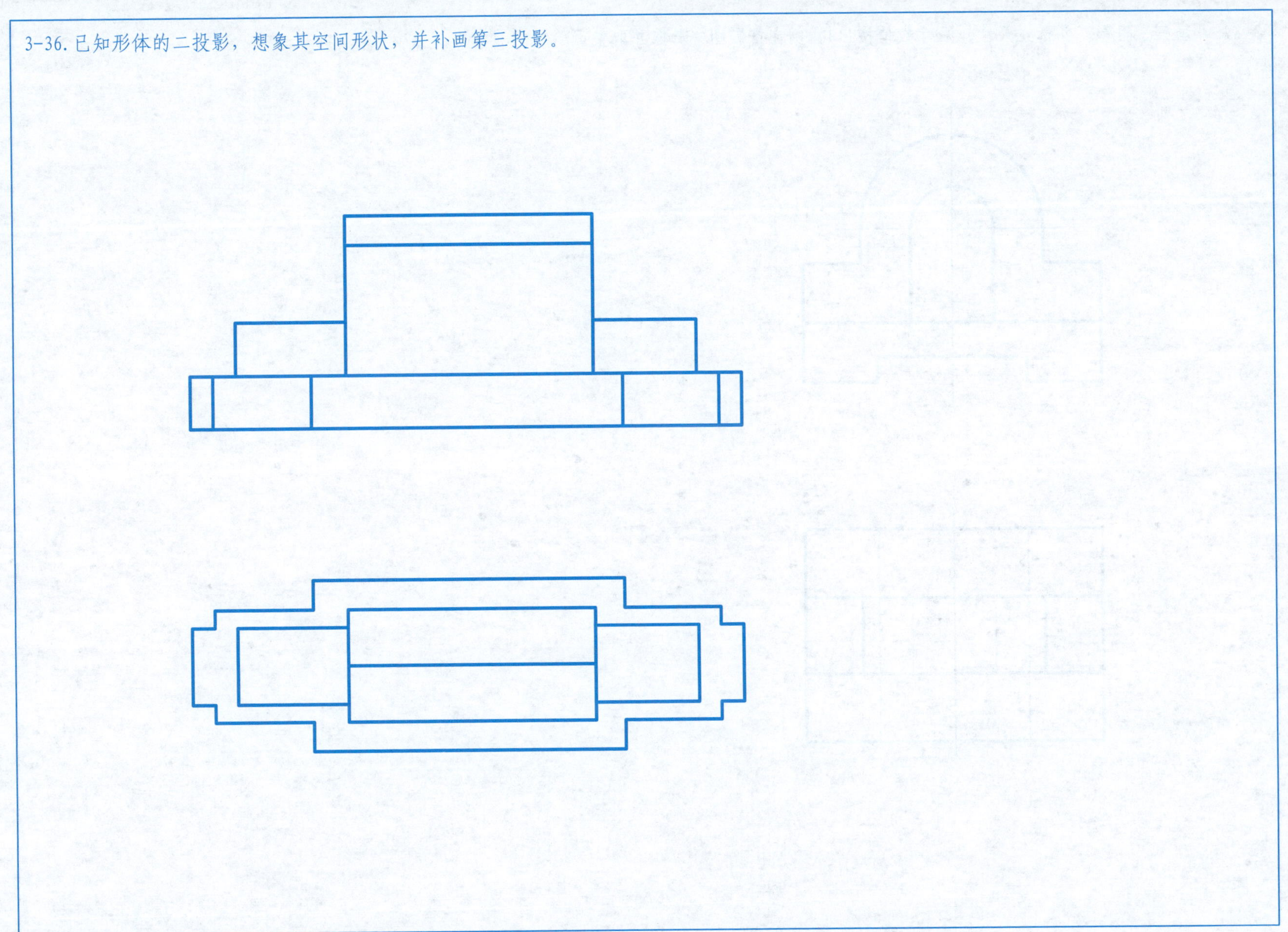

3-37. 补画第三投影，并标注尺寸，尺寸数值按1:1比例在投影图中量取并取整。

(1)

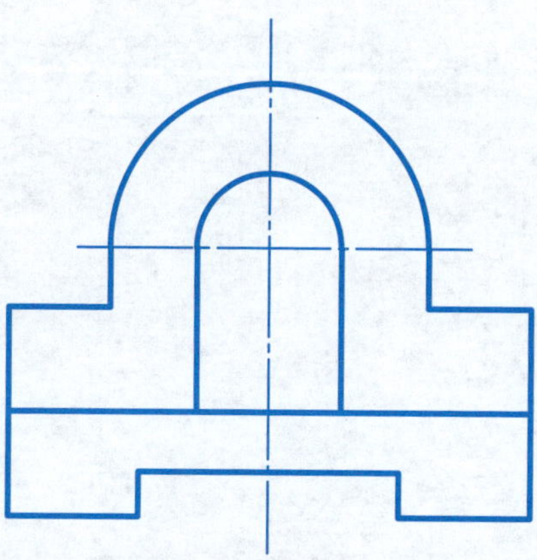

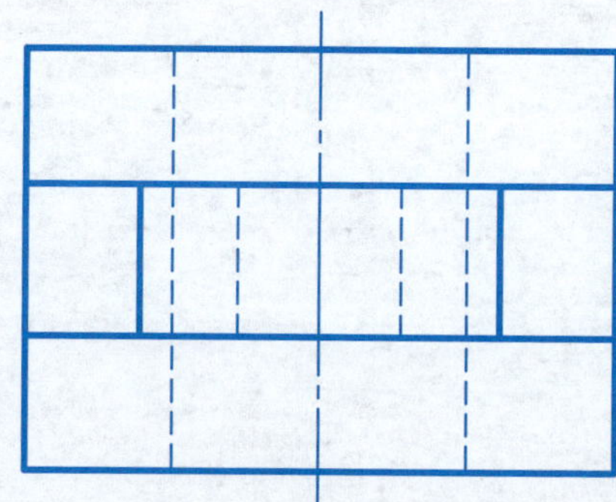

班级　　　　姓名　　　　学号

(2)

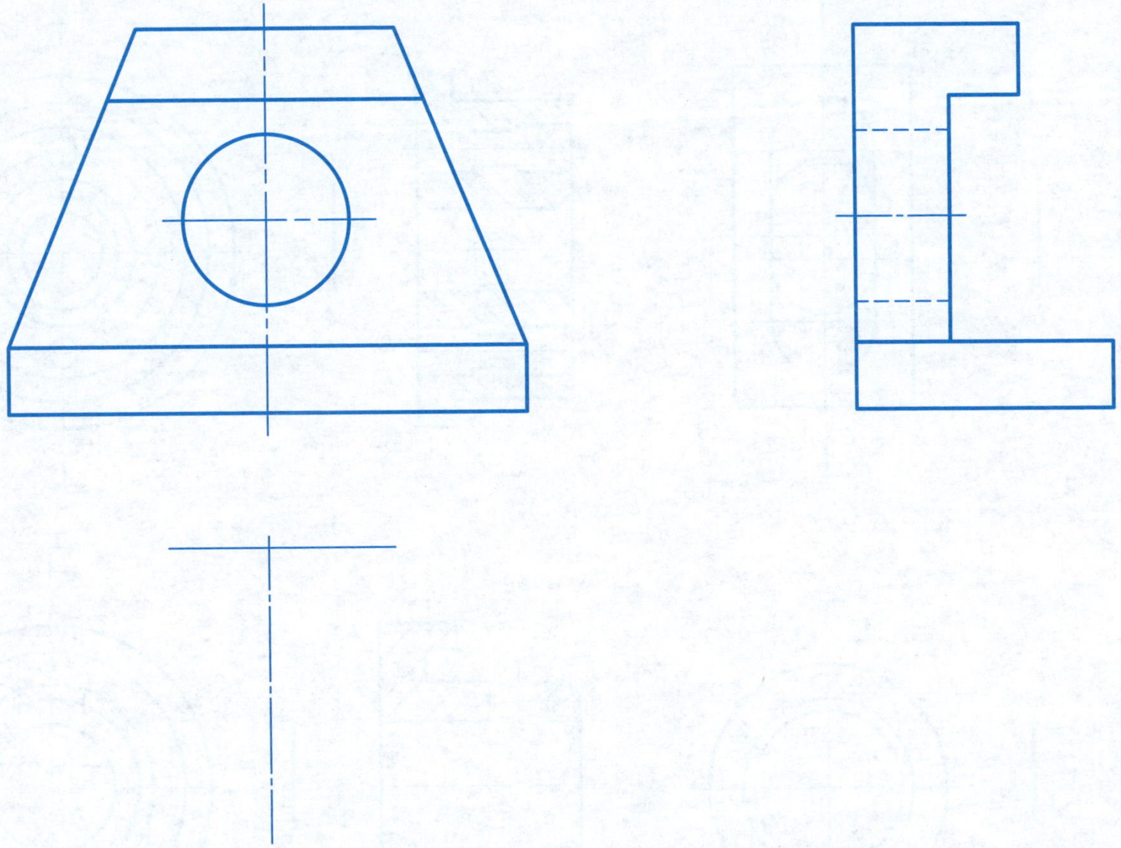

项目四　形体表达

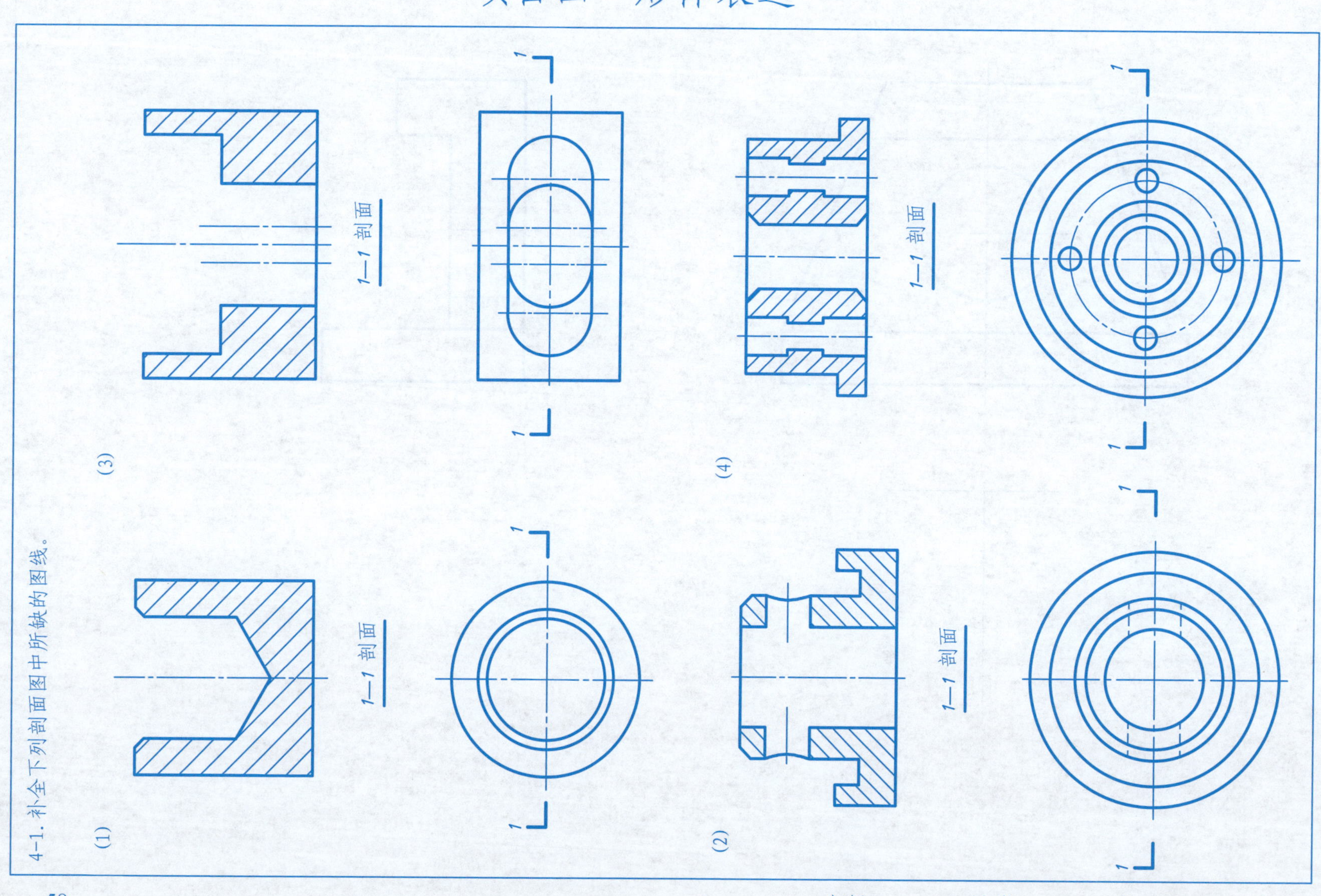

班级　　　　姓名　　　　学号

4-2. 在指定位置将正面投影改画成1—1剖面图。

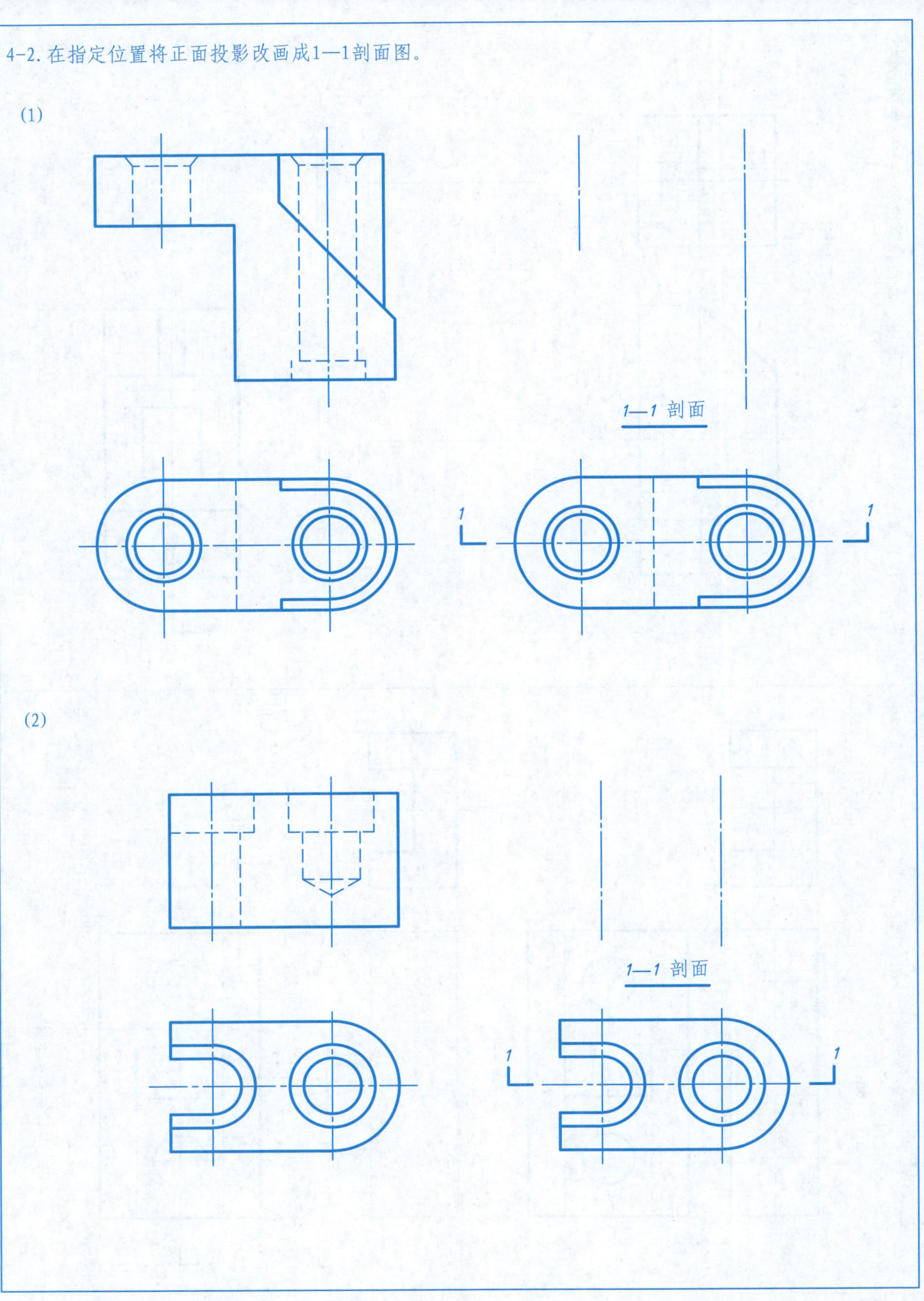

4-3. 将形体的正面投影改画成1—1剖面图。

4-4. 将形体的正面投影改画成1—1剖面图，侧面投影改画成2—2半剖面图。

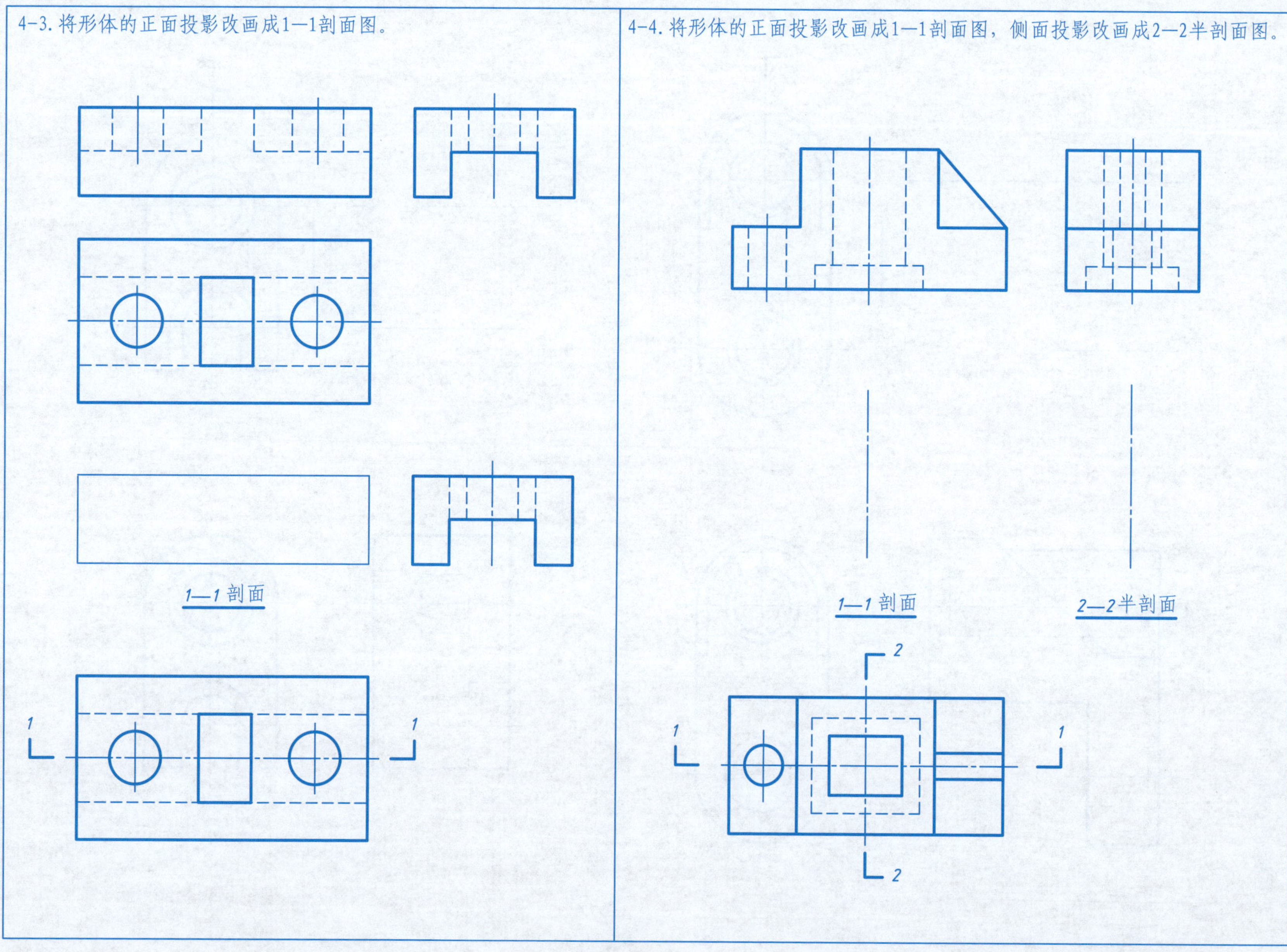

班级　　姓名　　学号

4-5. 在指定位置将形体的正面投影改画为半剖面图。

(1)

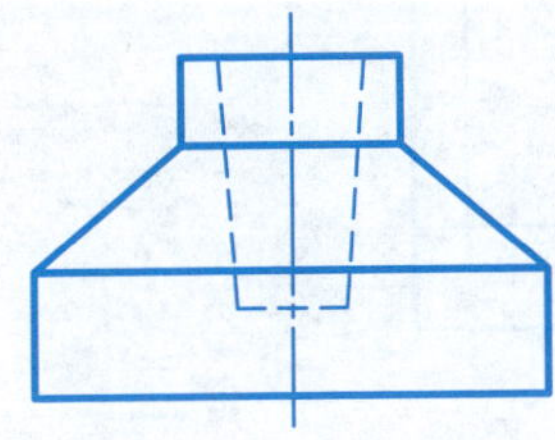

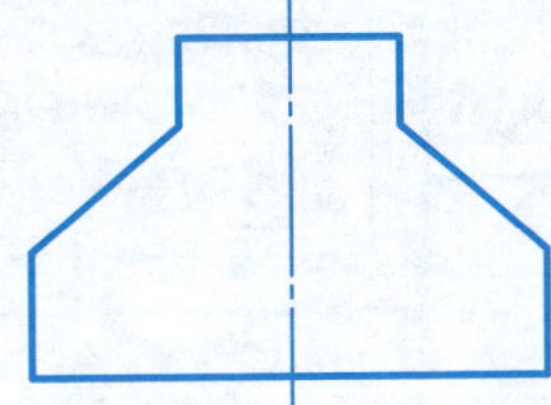

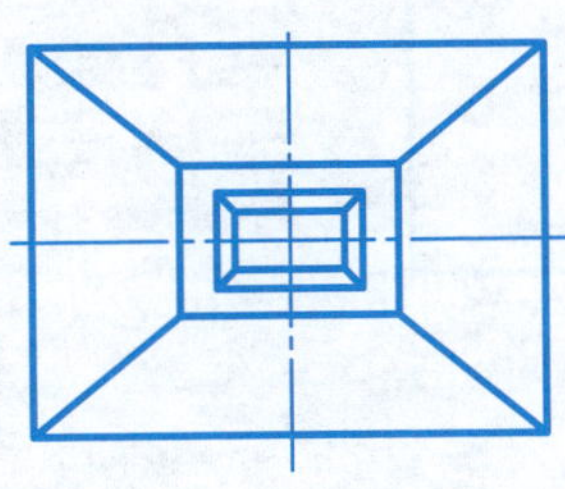

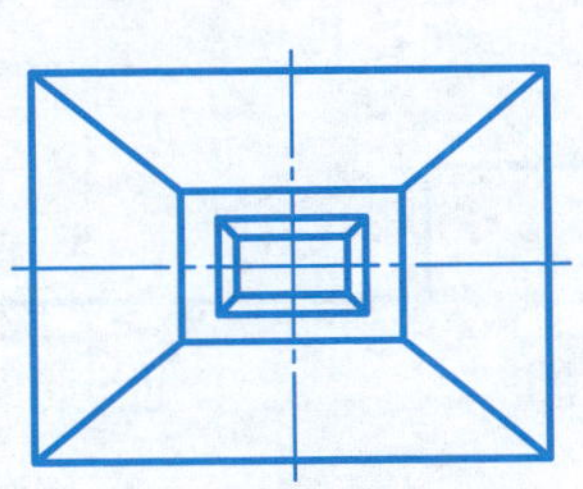

(2)

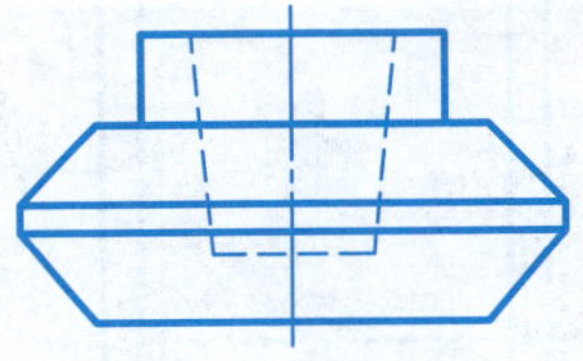

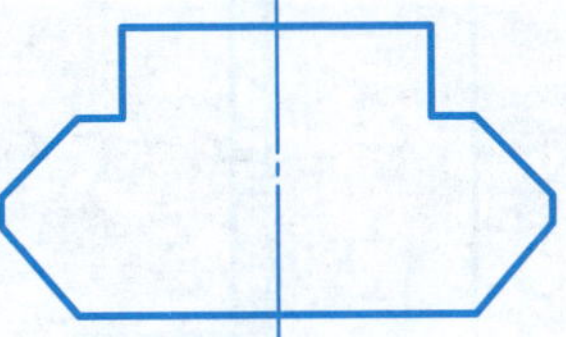

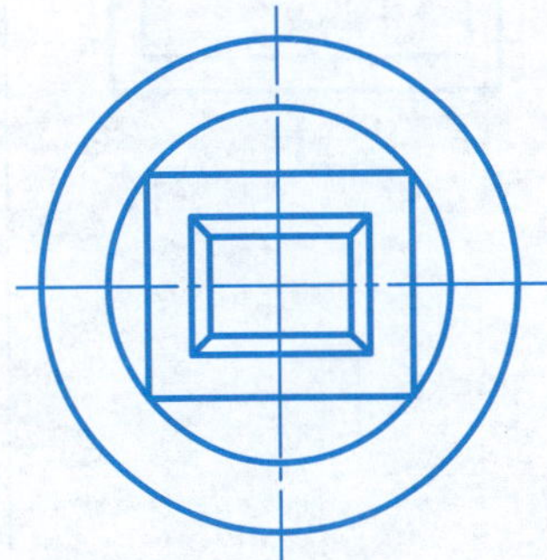

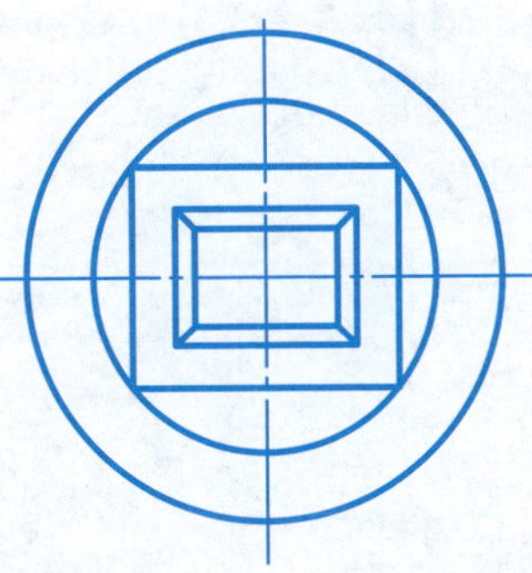

4-6. 画出水槽的2—2剖面图。

4-7. 在指定位置画出1—1剖面图和2—2剖面图。

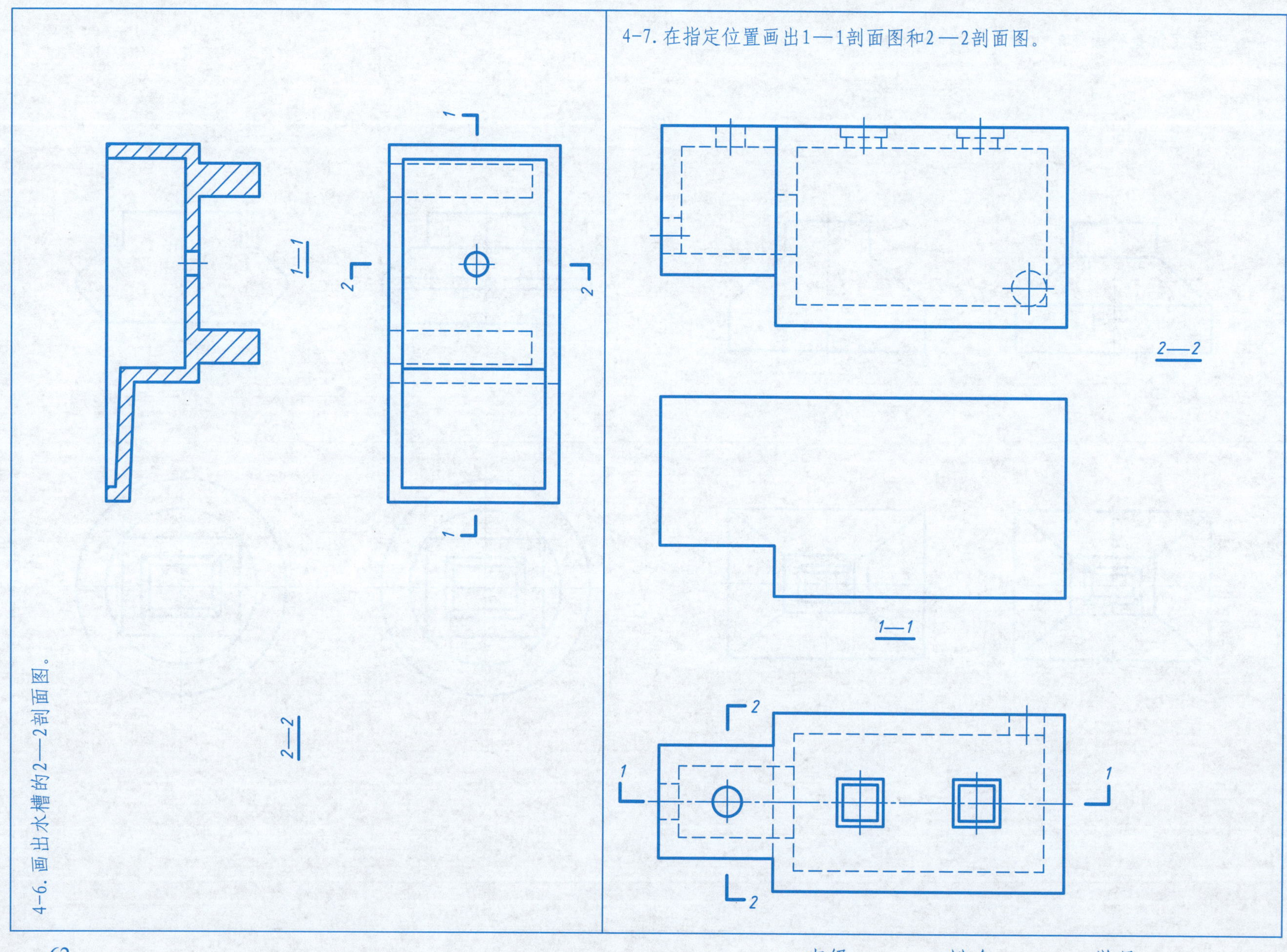

4-8. 画出外墙的2—2剖面图(雨篷伸出墙面的宽度与台阶相同)。

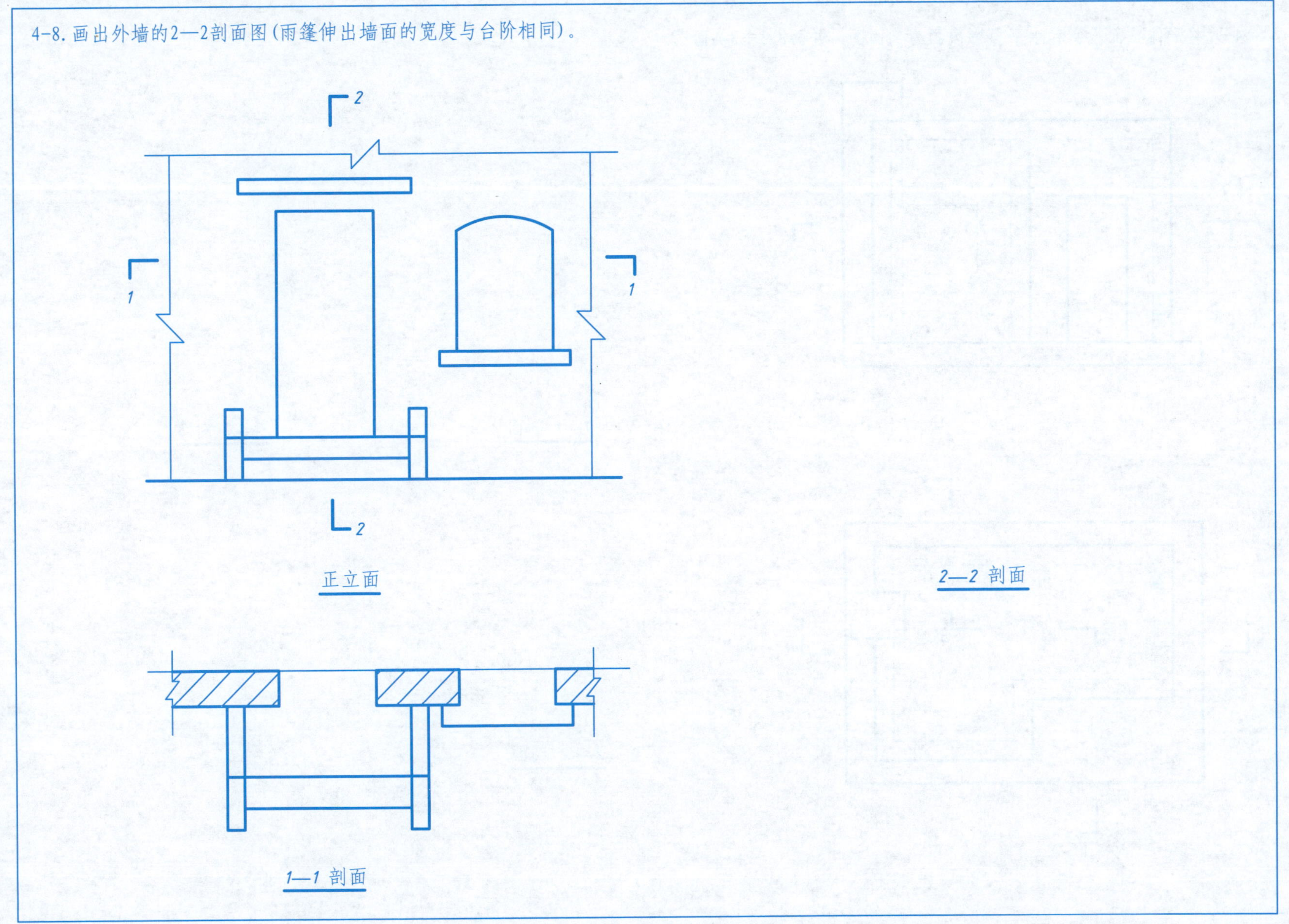

班级　　　　姓名　　　　学号

4-9. 将形体正面投影和水平投影改画为剖面图，并画出3—3剖面图。

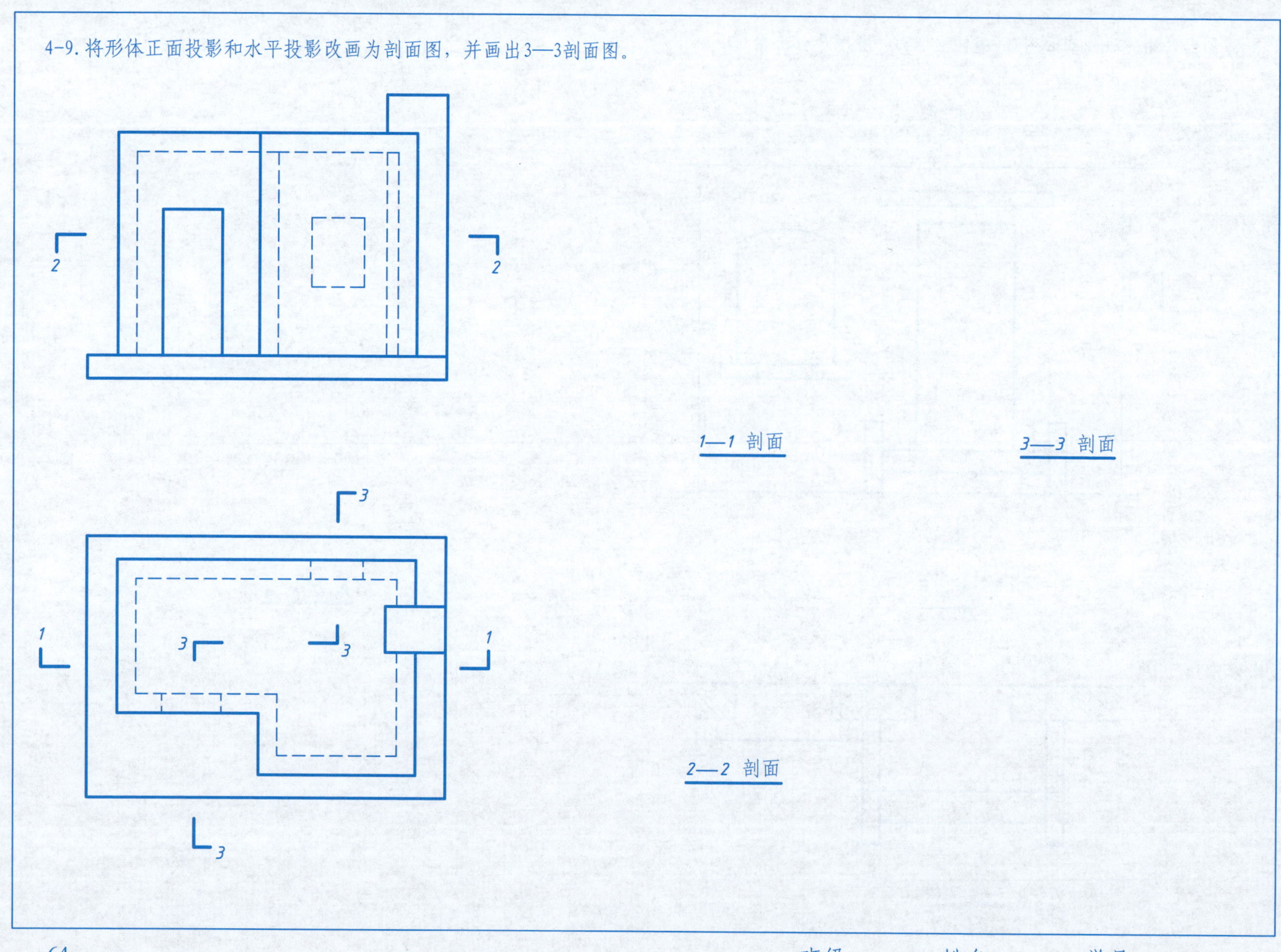

班级 姓名 学号

4-10. 在指定位置将形体的正面投影改画为半剖面图。

1—1 半剖面

4-11. 在指定位置画出1—1剖面图。

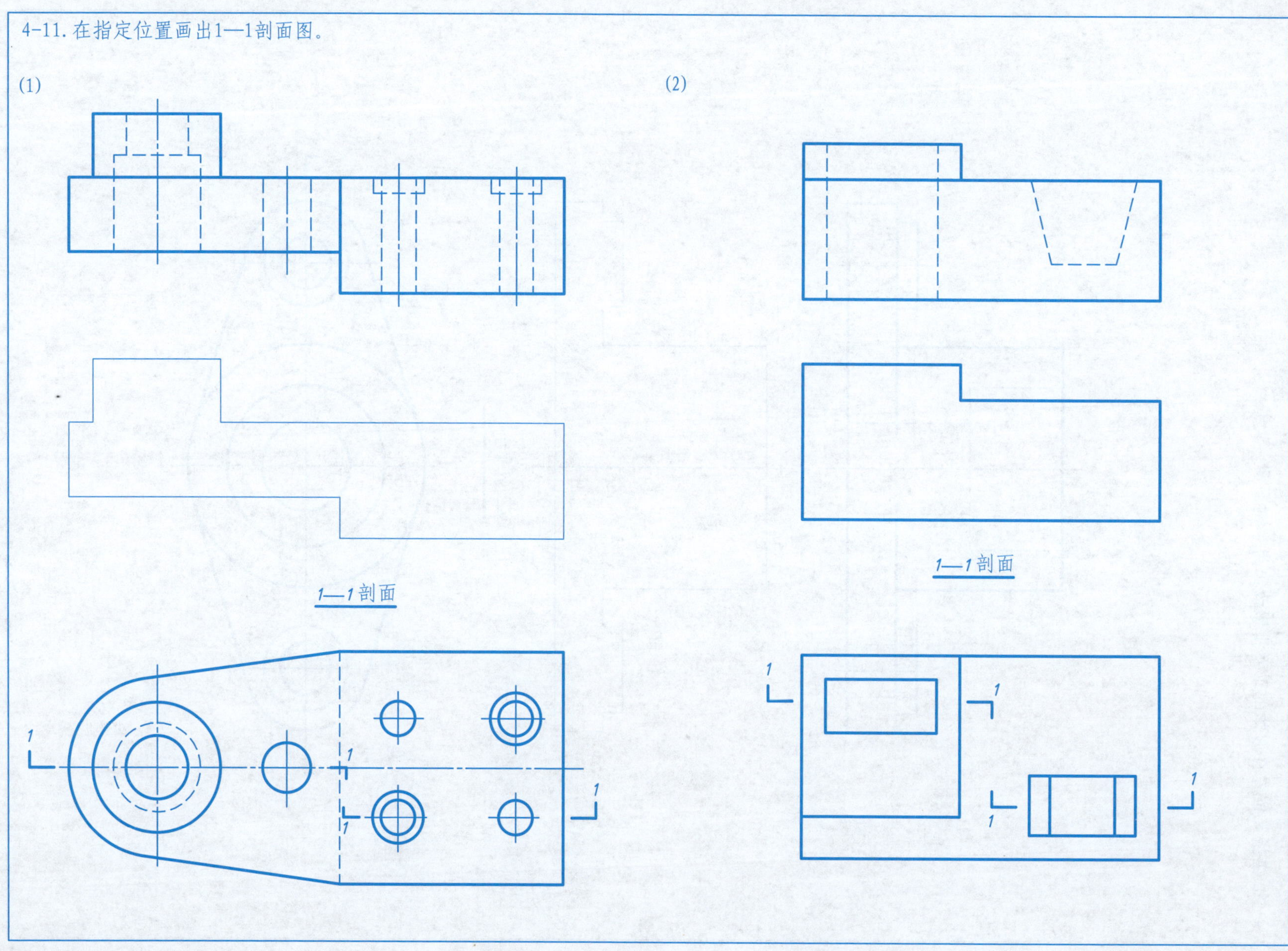

班级　　　姓名　　　学号

4-12. 根据水池的投影图，在空白处画出1—1旋转剖面图。

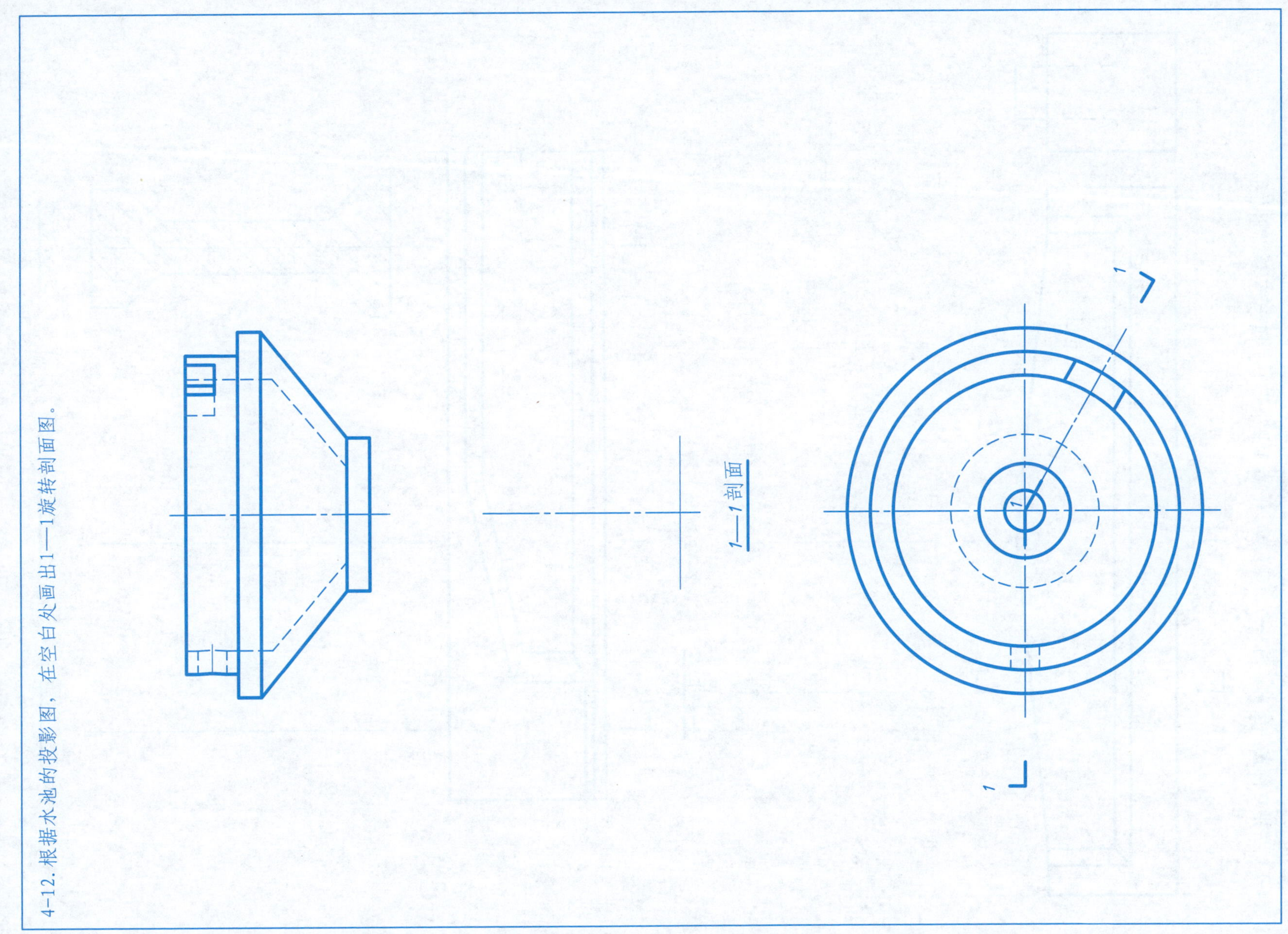

4-13. 在指定位置，画出梁的1—1剖面图和2—2断面图[第(2)小题按2：1绘制]。
(1)
1
2
1
2
1—1 剖面
2—2 断面
(2)
1
2
3
1
2
3
1—1 剖面
2—2 断面
3—3 断面

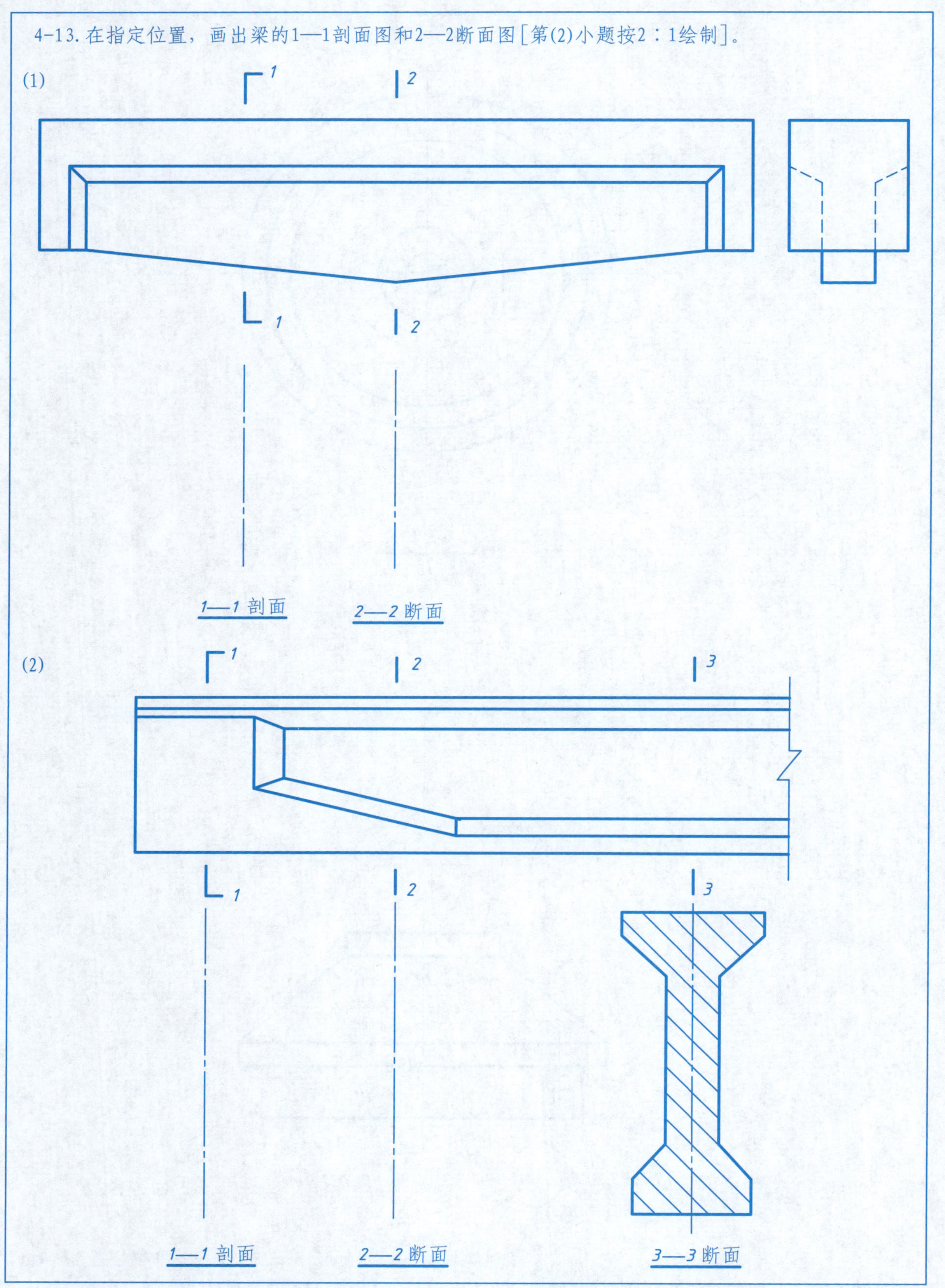

班级 姓名 学号

4-14. 在指定位置画出柱的各个断面图。

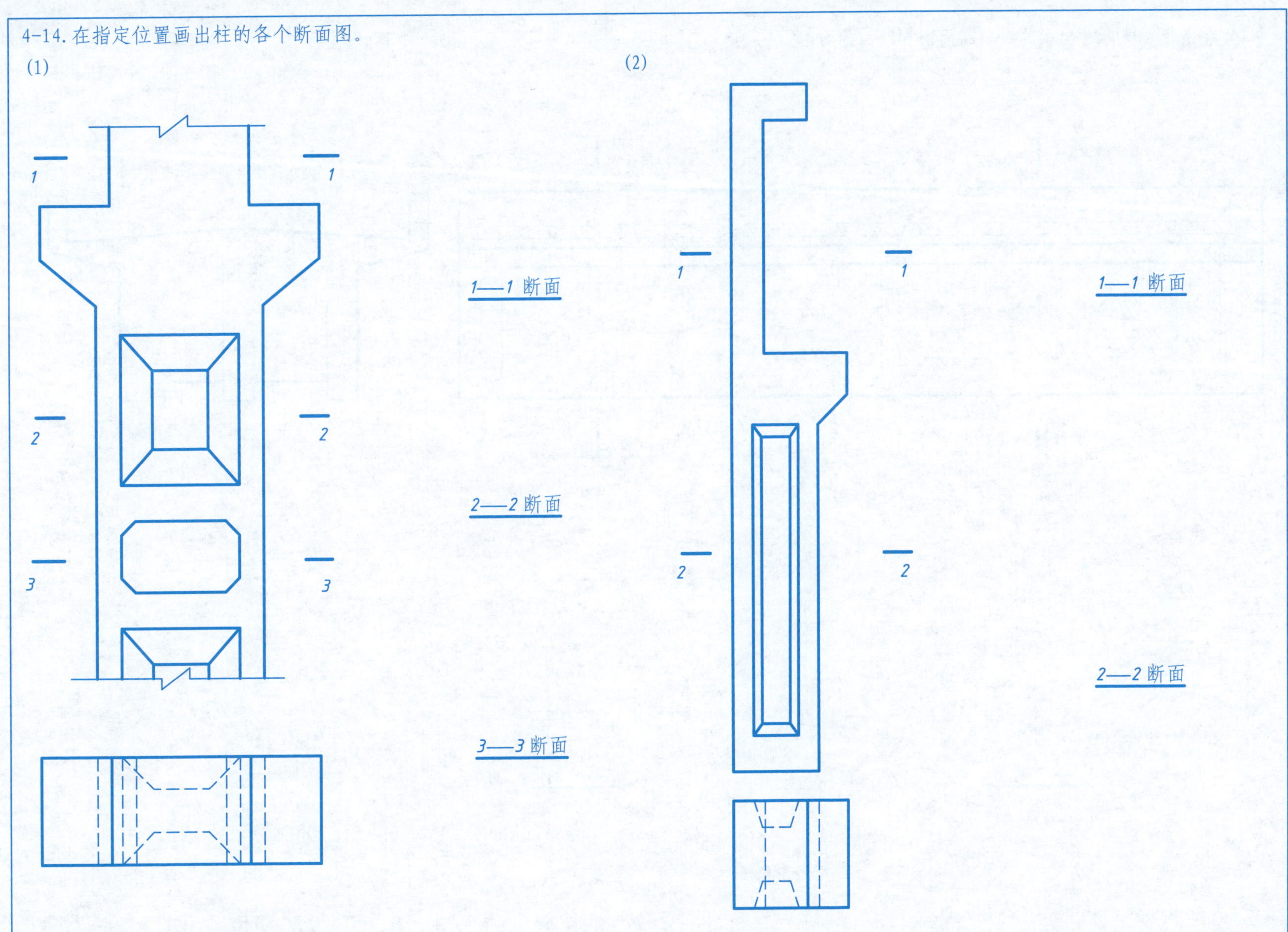

班级　　　姓名　　　学号

4-15. 在指定位置，画出梁的1—1断面图和2—2剖面图。

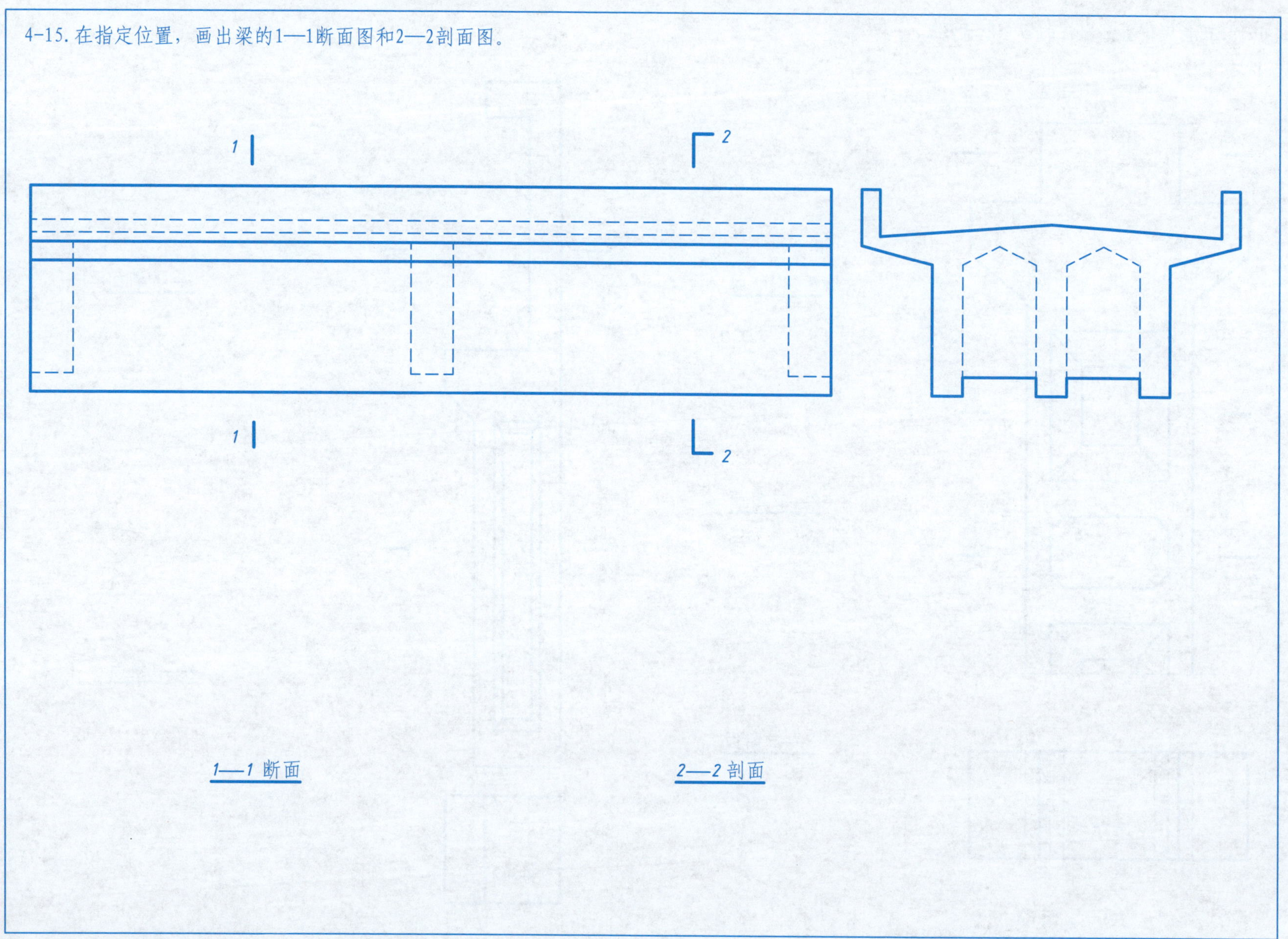

班级　　　　姓名　　　　学号

4-16. 作檩条的1—1、2—2、3—3、4—4断面图。

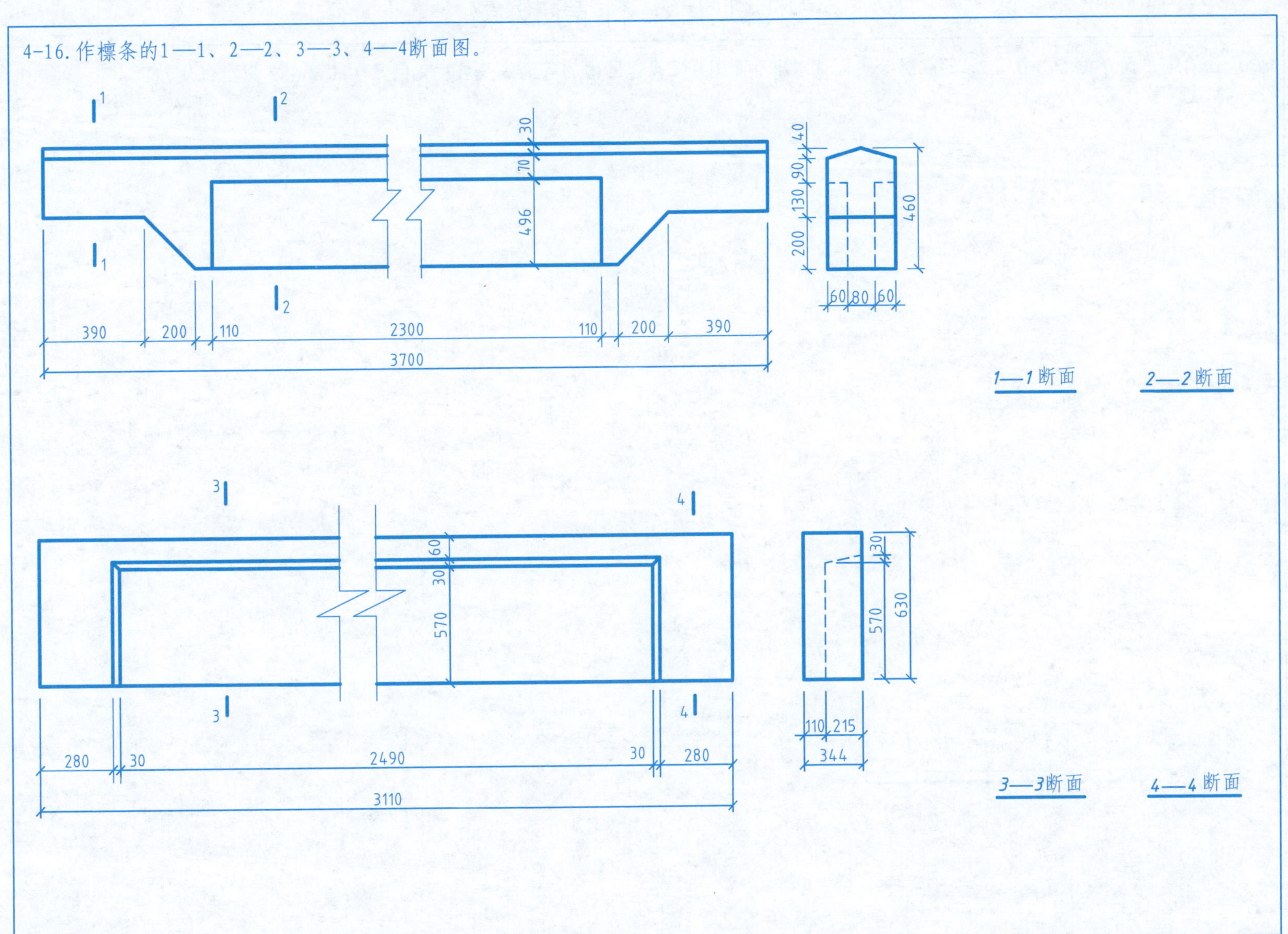

班级　　　　姓名　　　　学号

5-1. 已知一平面 Q 由 $a_{7.5}$、b_1 、$c_{4.2}$ 三点所给定，试求出平面 Q 在三点范围内的等高线及坡度比例尺 Q_i（画在右侧空白处）。

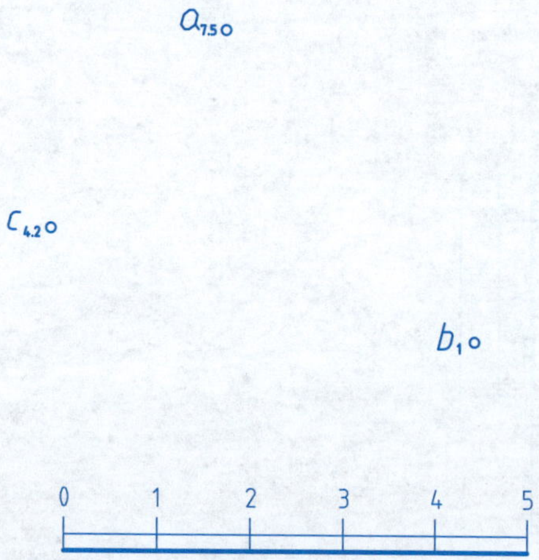

$a_{7.5}$

$c_{4.2}$

b_1

0　1　2　3　4　5

班级　　　　姓名　　　　学号

5-2. 需要在标高为4.5的水平地面上，堆筑一个标高为8的梯形平台，并给出堆筑时各边坡的坡度，试在右侧空白处求做相邻边坡的交线（即施工时开始堆砌的边界线）。

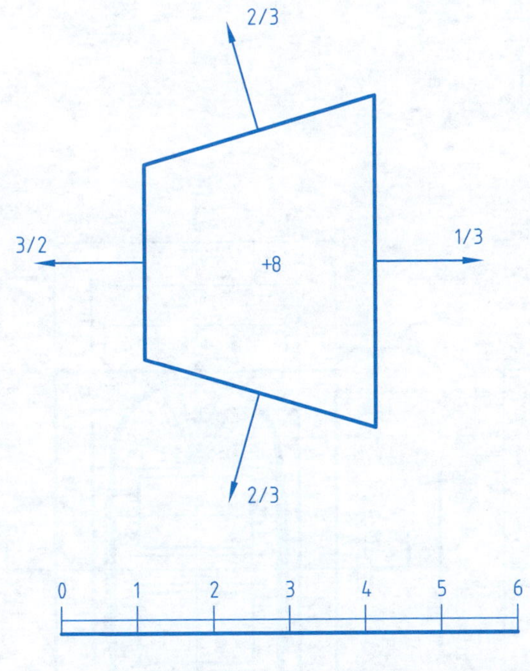

班级　　　姓名　　　学号

项目六　桥涵及隧道工程图

6-1. 在A3幅面的图纸上绘制圆端形桥墩图，把其中的平面图改画成半平面、半1—1剖面，半平面图中的虚线可以不画。要标注尺寸和书写附注。图的比例自行选定。

图名：圆端形桥墩图

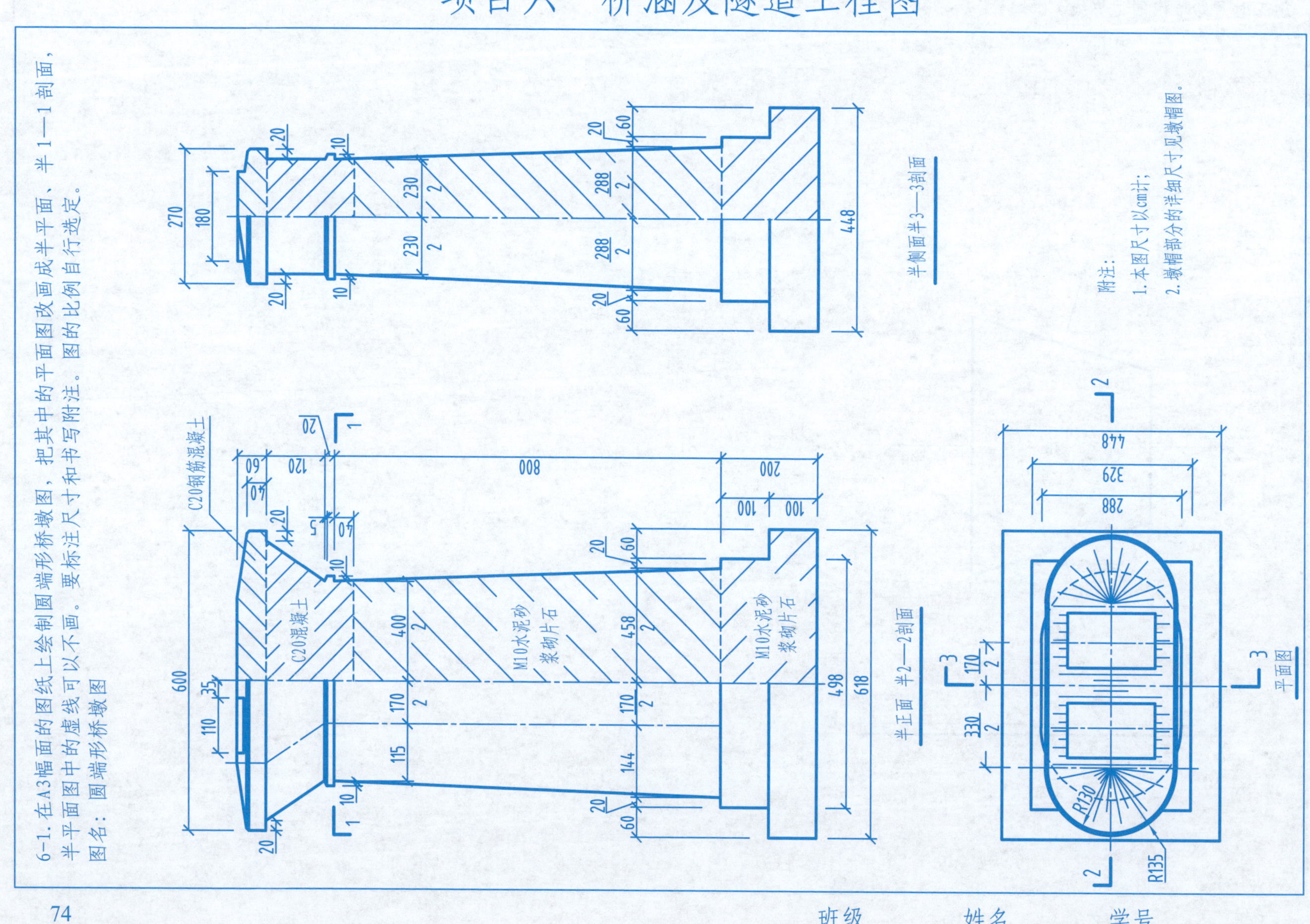

班级　　　　姓名　　　　学号

6-2. 在A3幅面的图纸上绘制 U形桥台总图，把其中的立面图改画成中心纵剖面图（剖切平面通过桥台的对称平面），把平面图改画成半平面、半基顶剖面图。图上要标注尺寸，书写附注。在图纸的右下部画出此桥台的正等测（从前、右、上方投射）。图的比例自行选定。

图名：U形桥台总图

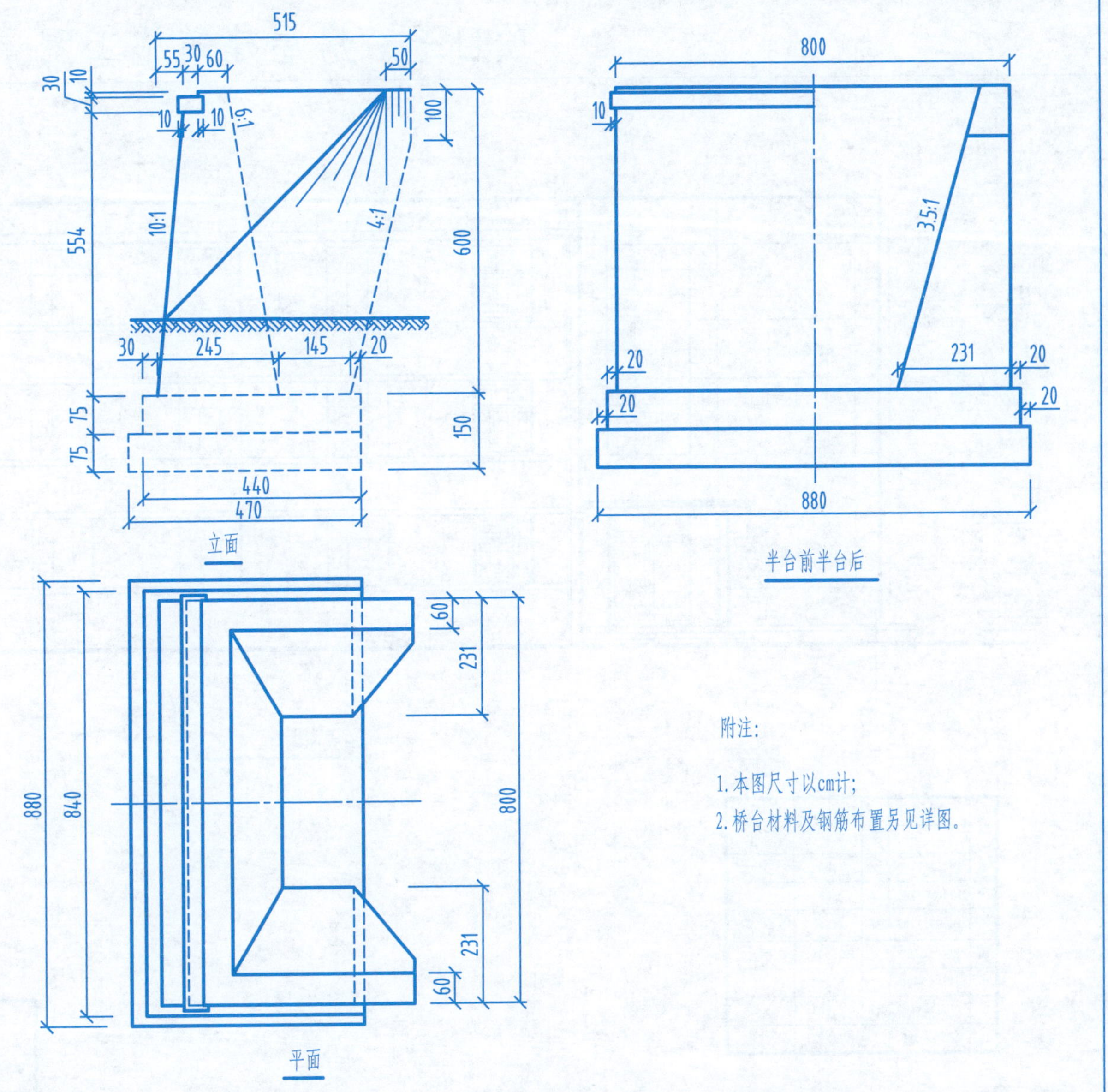

项目七　房屋建筑施工图

7-1.抄画立面图。

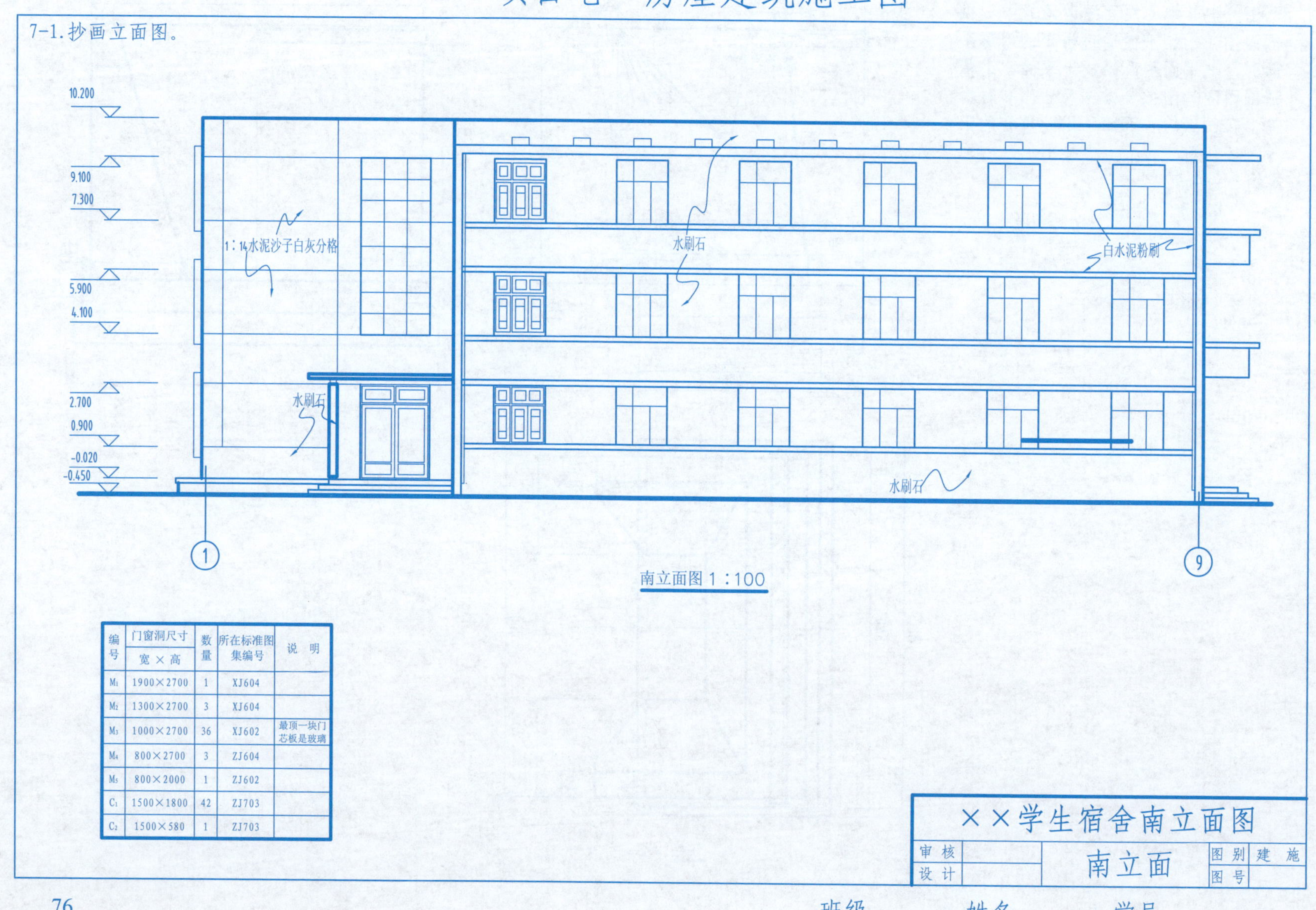

编号	门窗洞尺寸 宽×高	数量	所在标准图集编号	说　明
M_1	1900×2700	1	XJ604	
M_2	1300×2700	3	XJ604	
M_3	1000×2700	36	XJ602	最顶一块门芯板是玻璃
M_4	800×2700	3	ZJ604	
M_5	800×2000	1	ZJ602	
C_1	1500×1800	42	ZJ703	
C_2	1500×580	1	ZJ703	

××学生宿舍南立面图			
审　核		南立面	图　别　建　施
设　计			图　号

班级　　　　姓名　　　　学号

7-2.抄画平面图。

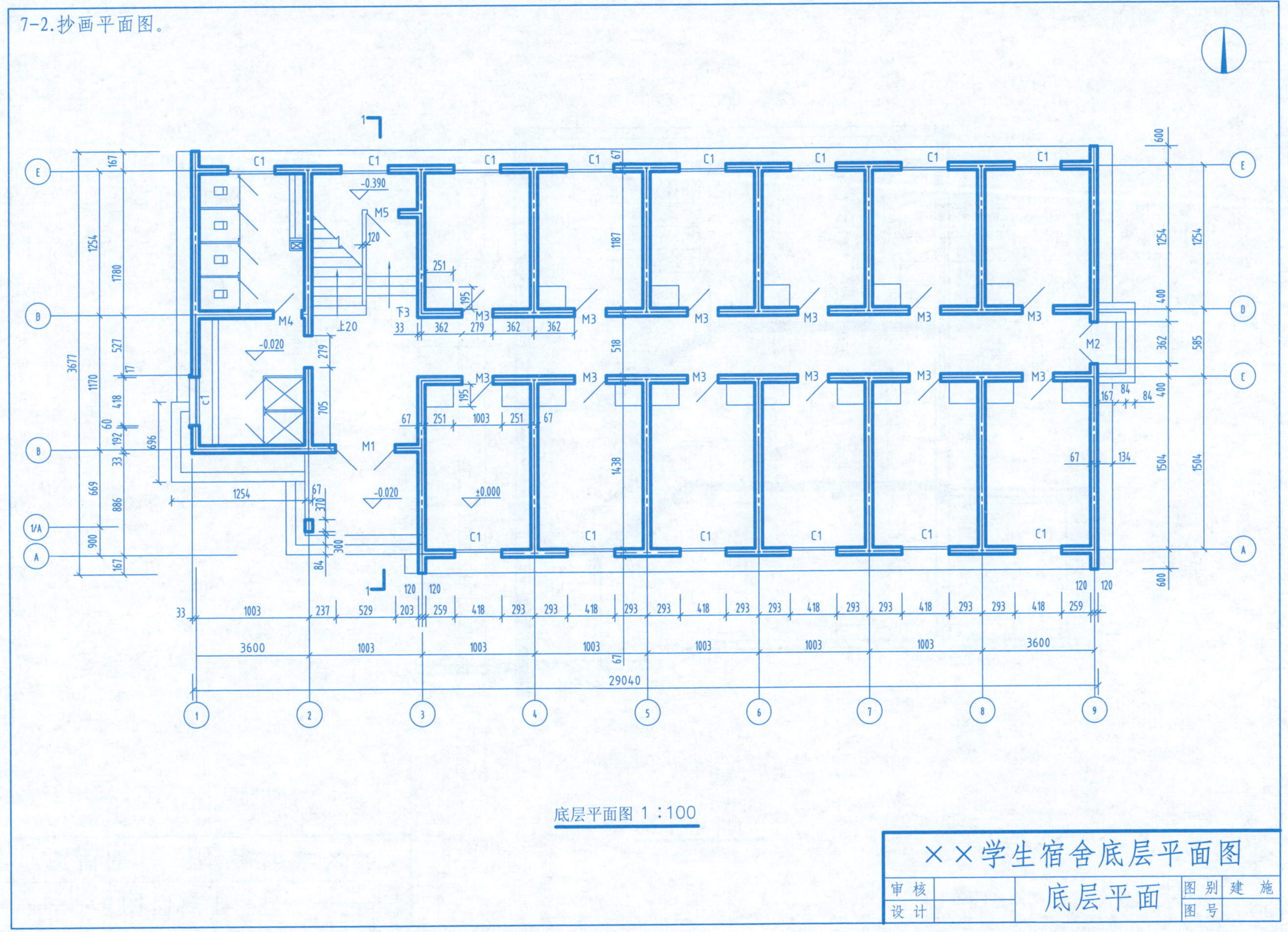

7-3.抄画1—1剖面图。

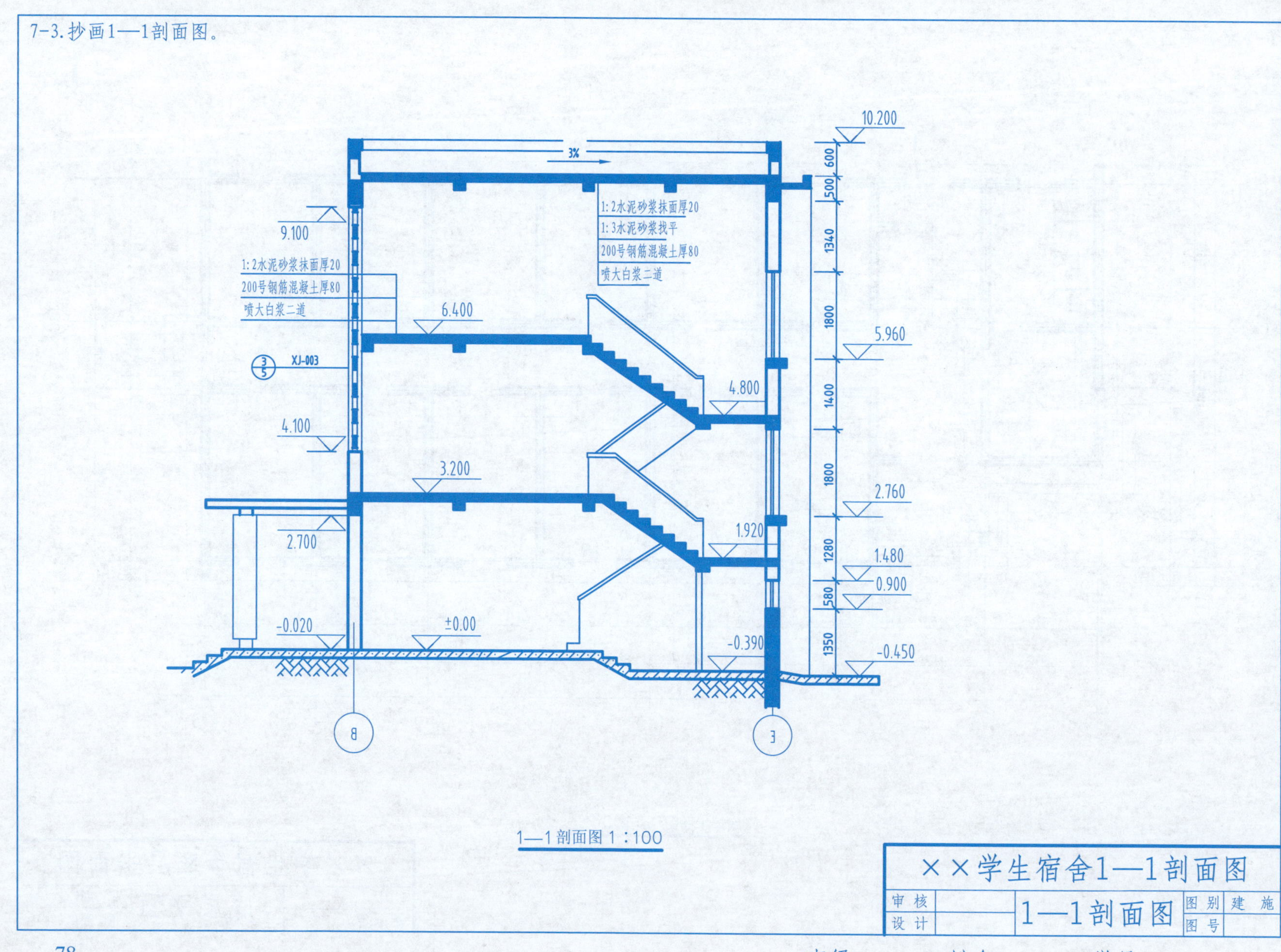

1—1剖面图 1：100

××学生宿舍1—1剖面图				
审 核		1—1剖面图	图 别	建 施
设 计			图 号	

班级　　　　姓名　　　　学号

7-4.阅读悬臂梁配筋图，并在钢筋表中填写各号钢筋的规格和数量。

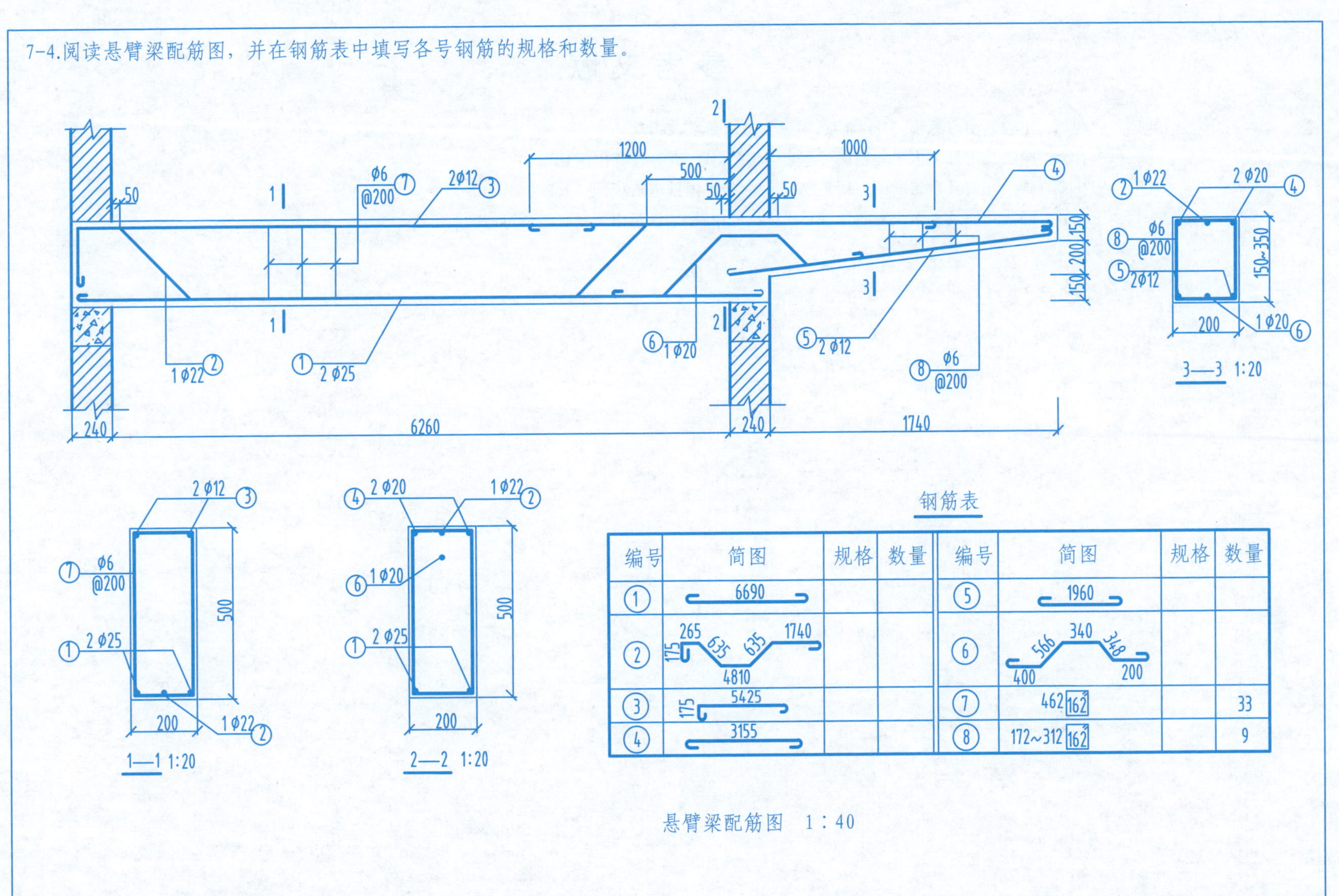

钢筋表

编号	简图	规格	数量	编号	简图	规格	数量
①	6690			⑤	1960		
②	265 175 635 635 4810 1740			⑥	566 340 348 400 200		
③	175 5425			⑦	462 162		33
④	3155			⑧	172~312 162		9

悬臂梁配筋图 1：40

参 考 文 献

［1］ 武晓丽．工程制图习题集［M］．北京：中国铁道出版社，2007.

［2］ 朱育万．画法几何及土木工程制图习题集［M］．北京：高等教育出版社，2001.

［3］ 宋兆全．画法几何及建筑制图习题集［M］．北京：中国铁道出版社，1989.

［4］ 王　欣．画法几何及土木工程制图［M］．2版．北京：中国铁道出版社有限公司，2024.